Karl Bosch

Aufgaben und Lösungen zur angewandten Statistik

Karl Bosch

Aufgaben und Lösungen zur angewandten Statistik

Friedr. Vieweg & Sohn   Braunschweig/Wiesbaden

CIP-Kurztitelaufnahme der Deutschen Bibliothek

Bosch, Karl:
Aufgaben und Lösungen zur angewandten Statistik /
Karl Bosch. — Braunschweig; Wiesbaden: Vieweg, 1983.
  (Vieweg-Studium; 57: Basiswissen)
  Erg. zu: Bosch, Karl: Elementare Einführung in die
  angewandte Statistik
  ISBN-13: 978-3-528-07257-5   e-ISBN-13: 978-3-322-90125-5
  DOI: 10.1007/978-3-322-90125-5

NE: Bosch, Karl: Elementare Einführung in die
angewandte Statistik; GT

Dr. rer. nat. Karl Bosch ist o. Professor am Institut für Angewandte Mathematik und Statistik
der Universität Hohenheim, 7000 Stuttgart 70

1983

ISBN-13: 978-3-528-07257-5

Vorwort

Der vorliegende Band stellt eine Ergänzung zu meinem Buch
"Elementare Einführung in die angewandte Statistik" (vieweg
studium - Basiswissen, Bd. 27) dar. In dem Statistik-Band
konnten aus Platzgründen keine Übungsaufgaben aufgenommen
werden. Da jedoch im Fach Statistik das Rechnen von Übungsaufgaben unumgänglich ist, erfülle ich hiermit die vielen
Wünsche aus dem Leserkreis nach geeigneten Übungsaufgaben.

Die Gliederung wurde nach dem Statistik-Buch vorgenommen. Zu
jeder der 140 Aufgaben ist ein fast vollständiger Lösungsweg
angegeben. Dabei wird großer Wert auf die Modellvoraussetzungen und die Interpretation der Ergebnisse gelegt.

Frl. S. Reichelt danke ich für das sorgfältige Schreiben der
Druckvorlage. Schließlich danke ich für kritische Bemerkungen
und Verbesserungsvorschläge aus dem Leserkreis.

Stuttgart-Hohenheim, im März 1983

Karl Bosch

Inhaltsverzeichnis

1. Beschreibende Statistik

● AUFGABE 1

Bei einem Eignungstest war ein Eignungsgrad von 0 bis 10 zu
erreichen. Dabei ergaben sich folgende Werte:

Eignungsgrad	0	1	2	3	4	5	6	7	8	9	10
Häufigkeit	1	5	8	12	15	17	14	12	7	5	4

Bestimmen Sie folgende Größen der Stichprobe

a) den Mittelwert;

b) den Median;

c) die Standardabweichung;

d) die mittlere Abweichung bezüglich des Mittelwerts;

e) die mittlere Abweichung bezüglich des Medians.

● AUFGABE 2

Bestimmen Sie mit Hilfe einer geeigneten Transformation
Mittelwert, Median und Streuung der folgenden Stichprobe

x_k^*	100	350	600	850	1100	1350	1600	1850	2100	2350
h_k	1	3	5	6	8	10	7	5	3	2

● AUFGABE 3

Die Verkaufspreise (in DM) eines bestimmten Artikels betragen
in 7 Kaufhäusern 190, 210, 195, 209, 199, 189, 215.

a) Berechnen Sie den Mittelwert und den Median der Stichprobe.

b) Wie ändern sich Mittelwert und Median, falls in einem ach-
ten Kaufhaus der Artikel zu 149 DM angeboten wird?

● AUFGABE 4

Von einer Stichprobe vom Umfang n=30 wurde der Mittelwert
$\bar{y}$=15,8 und die Streuung s_y=3,5 berechnet. Nachträglich stellte
sich heraus, daß die beiden Stichprobenwerte x_{31}=16,5 und
x_{32}=18,3 bei der Rechnung vergessen wurden. Wie lautet $\bar{x}$ und
s_x für die gesamte Stichprobe vom Umfang n=32?

● AUFGABE 5

In einer Stichprobe x sollen nur die Merkmalswerte $x_1^*=0$ und $x_2^*=1$ vorkommen, wobei die Häufigkeiten h_1 und h_2 nicht bekannt sind. Man kennt jedoch die Parameter $\bar{x}=0,5$ und $s_x^2=1/3$. Berechnen Sie hieraus die beiden Häufigkeiten.

● AUFGBABE 6

Ein Unternehmen besteht aus 8 Betrieben. Die Anzahl der Beschäftigten und deren monatliche Durchschnittseinkommen seien in der folgenden Tabelle zusammengestellt

Betrieb	Anzahl der Beschäftigten	monatlicher Durchschnittsverdienst
1	150	2150
2	235	2345
3	780	2574
4	578	2830
5	148	3115
6	640	2640
7	374	2960
8	295	3250

Berechnen Sie daraus

a) die gesamte Lohnsumme, die das Unternehmen pro Monat bezahlen muß;

b) den monatlichen Durchschnittsverdienst aller im Unternehmen Beschäftigten.

● AUFGABE 7

In einer Automobilfabrik wurden die Höchstgeschwindigkeiten von 400 Kraftfahrzeugen eines bestimmten Typs gemessen. Dabei ergaben sich folgende Meßergebnisse

Höchstgeschwindigkeit (km/h)	absolute Häufigkeit
$135 < x \leq 140$	18
$140 < x \leq 142$	38
$142 < x \leq 144$	82
$144 < x \leq 146$	105
$146 < x \leq 148$	89
$148 < x \leq 150$	46
$150 < x \leq 155$	22

a) Zeichnen Sie ein Histogramm.

b) Geben Sie einen Bereich an, in dem der Mittelwert $\bar{x}$ der

Stichprobe liegt. Bestimmen Sie Näherungswerte für den Mittelwert $\bar{x}$ und den Median $\tilde{x}$.

● AUFGABE 8

Bei der Messung von 250 Widerständen ergaben sich folgende Werte

Widerstand	Häufigkeit
(94;95]	2
(95;96]	4
(96;97]	15
(97;98]	23
(98;99]	33
(99;100]	41
(100;101]	49
(101;102]	42
(102;103]	20
(103;104]	10
(104;105]	7
(105;106]	4

a) Zeichnen Sie ein Histogramm.

b) Geben Sie Schätzwerte für Mittelwert, Median und Streuung der Stichprobe an.

c) Geben Sie Ober-und Untergrenzen für den Mittelwert und den Median der Stichprobe an.

● AUFGABE 9

Die Altersverteilung derjenigen Personen, die im Jahre 1980 in der Bundesrepublik Deutschland gestorben sind, ist in der nachfolgenden Tabelle nach Geschlecht getrennt dargestellt (Quelle: Stat. Jahrbuch 1982)

Alter	männlich	weiblich
0 - 1	4 455	3 366
1 - 5	801	647
5 - 10	677	404
10 - 15	830	487
15 - 20	3 114	1 147
20 - 25	3 562	1 058
25 - 30	2 848	1 218
30 - 35	2 963	1 472
35 - 40	4 732	2 376
40 - 45	8 564	4 011
45 - 50	10 903	5 237
50 - 55	16 020	8 181
55 - 60	20 380	13 810
60 - 65	19 751	14 182
65 - 70	43 560	32 834
70 - 75	61 700	53 893
75 - 80	66 049	71 968
80 - 85	44 658	74 262
85 - 90	22 487	51 312
90 und mehr ..	9 961	24 237
Insgesamt	348 015	366 102

a) Zeichnen Sie die entsprechenden Histogramme.

b) Berechnen Sie Näherungswerte für die jeweiligen Mittelwerte und Streuungen. Als Mittelwert der obersten Klasse setze man 95.

c) Um wieviel ändern sich die Mittelwerte, wenn man als Klassenmitte der obersten Klasse 92,5 wählt?

● AUFGABE 10

Die Altersverteilung derjenigen Personen, die in der Bundesrepublik Deutschland im Jahre 1980 als ledige geheiratet haben, ist in der nachfolgenden Tabelle nach Geschlecht getrennt dargestellt (Ouelle: Stat. Jahrbuch 1982)

Männer		Frauen	
unter 18	165	unter 16	112
18 - 19	2 885	16 - 17	1 910
19 - 20	10 364	17 - 18	5 420
20 - 21	16 834	18 - 19	25 007
21 - 22	22 301	19 - 20	31 750
22 - 23	28 348	20 - 21	38 684
23 - 24	31 406	21 - 22	38 260
24 - 25	31 124	22 - 23	34 126
25 - 26	28 928	23 - 24	28 276
26 - 27	24 991	24 - 25	22 633
27 - 28	20 849	25 - 26	17 622
28 - 29	16 660	26 - 27	13 114
29 - 30	12 913	27 - 28	9 607
30 - 31	10 425	28 - 29	7 035
31 - 32	7 970	29 - 30	5 305
32 - 33	5 667	30 - 31	3 987
33 - 34	4 325	31 - 32	2 861
34 - 35	2 759	32 - 33	1 921
35 - 40	10 193	33 - 34	1 490
40 - 45	4 377	34 - 35	974
45 - 50	1 221	35 - 40	3 681
50 - 55	510	40 - 45	2 112
55 - 60	206	45 - 50	1 208
60 - 65	108	50 - 55	952
65 - 70	99	55 - 60	728
70 und mehr .	106	60 - 65	260
		65 - 70	164
		70 und mehr .	71
Insgesamt 295 734		Insgesamt 299 270	

Zeichnen Sie jeweils ein Histogramm und bestimmen Sie Näherungswerte für das mittlere Erstheiratsalter der Männer bzw. Frauen und für die entsprechenden Standardabweichungen.

● AUFGABE 11

Gegeben ist die Stichprobe
$x = (3;1;4;5;2;6;3;4;1;5)$.

a) Zeichnen Sie die (empirische) Verteilungsfunktion der Stichprobe.
b) Bestimmen Sie graphisch den Median der Stichprobe.

● AUFGABE 12

Bei einem Landwirt ferkelten im Jahr 25 Säue. Die Anzahl der
Ferkel pro Wurf sei in der nachfolgenden Tabelle zusammengestellt

x_k^*	h_k
5	1
7	3
8	6
9	7
10	5
11	2
14	1

a) Zeichnen Sie die (empirische) Verteilungsfunktion der Stichprobe.
b) Berechnen Sie Mittelwert und Streuung der Stichprobe.
c) Bestimmen Sie aus der Verteilungsfunktion graphisch den Median der Stichprobe.

● AUFGABE 13

Lassen sich aus der (empirischen) Verteilungsfunktion $\tilde{F}(x)$ die
absoluten Häufigkeiten der Merkmalswerte berechnen?

● AUFGABE 14

$x = (x_1, x_2, \ldots, x_n)$ sei eine beliebige Stichprobe. Zeigen Sie,
daß für $c = \bar{x}$ die Quadratsumme
$$\sum_{i=1}^{n} (x_i - c)^2$$
am kleinsten ist.

2. Zufallsstichproben

● AUFGABE 1

Die Teilnehmer an der Fernsehsendung Pro und Contra werden aus
dem Telefonbuch der Stadt Stuttgart zufällig ausgewählt. Handelt es sich bei diesem Auswahlverfahren um eine repräsentative
Stichprobe der Stuttgarter Bevölkerung?

● AUFGABE 2

In einer Schule soll für eine bestimmte Reise ein Schüler zufällig ausgewählt werden. Das Auswahlverfahren wird folgender-
maßen durchgeführt: Zunächst wird eine Klasse zufällig ausgewählt und daraus anschließend ein Schüler. Ist dieses Auswahlverfahren gerecht, d.h. hat jeder Schüler der Schule die
gleiche Chance, ausgewählt zu werden?

● AUFGABE 3

Nach dem statistischen Jahrbuch 1982 lebten im Jahre 1980 in
der Bundesrepublik Deutschland durchschnittlich 29,417 Mio
Männer und 32,149 Mio Frauen. Kann daraus geschlossen werden,
daß allgemein mehr Frauen als Männer geboren werden?

● AUFGABE 4

Bei einer Meinungsumfrage über den Koalitionswechsel einer be-
stimmten Partei kritisierten 41% der befragten Personen diesen
Wechsel. Können daraus Schlüsse für den Stimmenanteil dieser
Partei bei der nächsten Wahl gezogen werden?

● AUFGABE 5

An einem Auslosungsverfahren für 1 000 Studienplätze für Medi-
zin nahmen sechs Abiturienten der gleichen Schule teil. Sie
erhielten die Platznummern 601, 610, 623, 680, 910, 941. Die
Chancengleichheit der Auslosung wurde von ihnen angezweifelt
mit dem Hinweis, daß 4 bzw. 2 von ihnen in der gleichen Hundertergruppe
sind. Sie meinten, bei einer gleichwahrscheinlichen Auslosung müßten die
6 Zahlen gleichmäßiger verteilt sein. Ist dieser Einwand richtig?

3. Parameterschätzung

● AUFGABE 1

Zur Schätzung einer unbekannten Wahrscheinlichkeit $p=P(A)$ werde ein Bernoulli-Experiment vom Umfang n durchgeführt. Bestimmen Sie den minimalen Stichprobenumfang n so, daß für die Zufallsvariable der relativen Häufigkeit $R_n(A)$ des Ereignisses A gilt $\quad P(|R_n(A) - p| > 0,01) \leq 0,05 \quad ,$

a) falls über p nichts bekannt ist,
b) falls $p \leq 0,25$ bekannt ist.
Interpretieren Sie die Ergebnisse!

● AUFGABE 2

Von einer Zufallsvariablen X sei der Erwartungswert μ_0 bekannt, nicht jedoch die Varianz σ^2. Zeigen Sie, daß im Falle unabhängiger Wiederholungen X_i die Schätzfunktion

$$\frac{1}{n} \sum_{i=1}^{n} (X_i - \mu_0)^2 \quad \text{erwartungstreu für } \sigma^2 \text{ ist.}$$

● AUFGABE 3

Ein Betrieb besteht aus zwei Werken mit 1450 bzw. 2550 Beschäftigten. Einige Tage vor einer geplanten Urabstimmung über einen möglichen Streik möchte die Betriebsleitung den relativen Anteil p der Streikwilligen im gesamten Betrieb schätzen. Dazu werden im Werk 1 n_1 und im Werk 2 n_2 Personen zufällig ausgewählt. Die Zufallsvariablen $\bar{X}_1$ bzw. $\bar{X}_2$ beschreiben die relativen Anteile der Streikwilligen in den beiden Stichproben.

a) Bestimmen Sie die Konstanten c_1 und c_2 so, daß $c_1 \cdot \bar{X} + c_2 \cdot \bar{X}_2$ eine erwartungstreue Schätzfunktion für p ist.
b) Schätzen Sie p aus $\bar{x}_1 = 0,28$ und $\bar{x}_2 = 0,51$.
c) Wann ist $\frac{1}{2}(\bar{X}_1 + \bar{X}_2)$ erwartungstreu für p?

● AUFGABE 4

Die (stoch.) unabhängigen Zufallsvariablen X und Y seien $N(\mu_1, \sigma_1^2)$ - bzw. $N(\mu_2, \sigma_2^2)$-verteilt, wobei die Varianzen bekannt sind.

Zur Schätzung von μ_1 bzw. μ_2 werden aus zwei unabhängigen Stichproben vom Umfang n_1 bzw. n_2 die Mittelwerte

$$\bar{x} = \frac{1}{n_1} \sum_{i=1}^{n_1} x_i \quad \text{bzw.} \quad \bar{y} = \frac{1}{n_2} \sum_{k=1}^{n_2} y_k$$

benutzt, wobei die Gesamtzahl $n = n_1 + n_2$ fest vorgegeben ist. Wie müssen n_1 und n_2 gewählt werden, damit die Schätzfunktion $\bar{X} - \bar{Y}$ die kleinste Varianz besitzt?

Zahlenbeispiel: $\sigma_2^2 = 4\sigma_1^2$, $n = 300$.

● AUFGABE 5

a) Welche Bedingungen müssen die Koeffizienten α_i erfüllen, damit bei unabhängigen Wiederholungen X_i

$$T = \sum_{i=1}^{n} \alpha_i X_i$$

eine erwartungstreue Schätzfunktion für den Erwartungswert $\mu = E(X_i)$ ist?

b) Wann hat die erwartungstreue Schätzfunktion T minimale Varianz?

● AUFGABE 6

Eine geometrisch verteilte Zufallsvariable X besitze die unabhängige Stichprobe $(k_1, k_2, \ldots, k_n)$. Bestimmen Sie hieraus für den unbekannten Parameter p dieser geometrischen Verteilung die Maximum-Likelihood-Schätzung.

● AUFGABE 7

Die Dichte einer Zufallsvariablen besitze die Gestalt

$$f(x) = \begin{cases} \dfrac{x}{c^2} & \text{für } 0 \leq x \leq c\sqrt{2} \; ; \\ 0 & \text{sonst} , \end{cases}$$

wobei die Konstante c nicht bekannt ist. Bestimmen Sie aus der Stichprobe $(x_1, x_2, \ldots, x_n)$ die Maximum-Likelihood-Schätzung für den unbekannten Parameter c.

● AUFGABE 8

Eine Grundgesamtheit sei im Intervall [a,b] gleichmäßig verteilt, wobei die Parameter a und b nicht bekannt sind.

a) Bestimmen Sie für diese Parameter die Maximum-Likelihood-Schätzungen.

b) Zeigen Sie, daß diese Schätzungen konsistent und asymptotisch erwartungstreu sind.

● AUFGABE 9

Die Zufallsvariable X sei im Intervall $[\mu-1/2;\mu+1/2]$ gleichmäßig verteilt. Zeigen Sie, daß bei einer Stichprobe vom Umfang n die Zufallsvariable $\frac{1}{2}(X_{min}+X_{max})$ eine erwartungstreue Schätzfunktion für den Parameter μ ist.

● AUFGABE 10

Gegeben sei eine normalverteilte Grundgesamtheit mit bekanntem Erwartungswert μ_0 und unbekannter Varianz σ^2.

a) Bestimmen Sie die Maximum-Likelihood-Schätzung für σ^2. ✓

b) Leiten Sie in Abhängigkeit des Stichprobenumfangs n ein Konfidenzintervall für σ^2 zur Konfidenzzahl γ ab. Benutzen Sie dabei die Eigenschaft, daß die Quadratsumme von n unabhängigen N(0;1)-verteilten Zufallsvariablen Chi-Quadrat-verteilt ist mit n Freiheitsgraden.

c) Bestimmen Sie das Konfidenzintervall für $\gamma=0,95$; $\mu_0=50$ aus einer Stichprobe vom Umfang n=10 mit $\bar{x}=49,5$ und $s^2=4$.

d) Bestimmen Sie aus den Angaben aus c) das Konfidenzintervall für σ^2, falls der Erwartungswert μ nicht bekannt ist. Interpretieren Sie die gewonnenen Ergebnisse.

● AUFGABE 11

Die Durchmesser der von einer bestimmten Maschine gefertigten Stahlkugeln für Kugellager seien ungefähr normalverteilt. Bei einer Stichprobe vom Umfang n=30 erhält man einen mittleren Durchmesser $\bar{x}=10,2$ mm und eine Streuung s=0,62 mm. Bestimmen Sie hieraus Konfidenzintervalle für den Erwartungswert μ und die Varianz σ^2 für $\gamma=0,95$.

● **AUFGABE 12**

Bei einer Repräsentativumfrage kurz vor einer Wahl geben von
den Befragten, die zur Wahl gehen wollen, 51,5% an, sie werden
die Partei A wählen. Daraus schließt die Partei sofort, daß
sie bei der bevorstehenden Wahl mindestens 50% der Wählerstim-
men erhalten werde. Welche Bedingung muß erfüllt sein, damit
die Aussage der Partei mit 95%-iger Sicherheit richtig ist?

● **AUFGABE 13**

Herr Schlau kandidiert für den Gemeinderat. In der Gemeinde
sind nur 955 Personen stimmberechtigt. Um eine Prognose über
den Stimmenanteil für den Kandidaten zu geben, sollen n Personen für eine Repräsentativumfrage ausgewählt werden.
Wie groß muß n mindestens sein, damit das Ergebnis mit dem
Sicherheitsgrad 95% auf 3 Prozentpunkte genau ist?
Benutzen Sie dabei einmal zur Approximation die Binomialverteilung und zum anderen - um n möglichst gering zu halten -
die Varianz der hypergeometrischen Verteilung (endliche Grundgesamtheit!).

● **AUFGABE 14**

Bei einer Meinungsumfrage über den Bekanntheitsgrad eines bestimmten Artikels wurde festgestellt, daß 65% der zufällig
ausgewählten befragten Personen den Artikel kennen. Berechnen
Sie ein Konfidenzintervall für den Bekanntheitsgrad (in Pro-
zent) für $\gamma=0,99$, falls
a) n=1 000 , b) n=10 000 , c) n=100 000 , d) n=1 000 000
Personen befragt wurden.

● **AUFGABE 15**

Die Zufallsvariable, welche die Leistung von Automotoren beschreibt, sei ungefähr normalverteilt. Die Überprüfung von 10
zufällig ausgewählten Motoren ergab eine mittlere Leistung von
40,9 PS bei einer Standardabweichung von 3,1 PS. Bestimmen Sie
hieraus Konfidenzintervalle für die Parameter der Normalverteilung zu $\gamma=0,95$.

● AUFGABE 16

Ein Anthropologe untersucht einen bestimmten Volksstamm. Er
vermutet, daß die Männer dieses Stammes aufgrund der Zivilisa-
tionseinflüsse jetzt größer werden als früher. Ältere Unter-
suchungen ergaben, daß die Körpergröße annähernd normalverteilt
ist mit $\sigma_0 = 15$ cm.

a) Berechnen Sie unter der Annahme, daß die Streuung gleich ge-
   blieben ist, wieviele Männer mindestens gemessen werden
   müssen, damit die Länge des 95%-Konfidenzintervalles für μ
   höchstens 2 cm ist.
b) 1 000 zufällig ausgewählte Männer besitzen eine mittlere
   Körpergröße von 172,5 cm. Berechnen Sie daraus ein 95%-Kon-
   fidenzintervall für μ.

● AUFGABE 17

Um die Anzahl der Fische in einem Teich zu schätzen, wird folgendes Verfahren gewählt: Es werden 250 Fische gefangen, ge-
kennzeichnet und wieder in den Teich zurückgebracht. Nach eini-
ger Zeit werden 150 Fische gefangen. Darunter befinden sich
22 gekennzeichnete. Bestimmen Sie hieraus einen Schätzwert sowie ein Konfidenzintervall für die Gesamtzahl der Fische im
Teich zu $\gamma = 0,95$.

● AUFGABE 18

Die Zufallsvariable X sei Poisson-verteilt. Leiten Sie mit
Hilfe des zentralen Grenzwertsatzes ein (zweiseitiges) Konfidenzintervall für den Parameter λ her.

● AUFGABE 19

Die Anzahl der Anrufe pro Minute in einer Telefonzentrale
während einer gewissen Tageszeit sei Poisson-verteilt mit dem
Parameter λ. Während einer Stunde gingen 200 Anrufe ein. Bestimmen Sie mit Hilfe der Aufgabe 18 ein 95%-Konfidenzintervall
für λ.

● AUFGABE 20

Die Zufallsvariable, welche die Anzahl der Tore pro Spiel in
der Bundesliga beschreibt, sei ungefähr Poisson-verteilt mit
dem Parameter λ. In der Saison 1981/82 bestand die Bundesliga
aus 18 Mannschaften, wobei jede Mannschaft gegen jede zweimal
spielte. Insgesamt wurden 1 081 Tore geschossen. Berechnen Sie
hieraus mit Hilfe von Aufgabe 18 ein Konfidenzintervall für λ
zur Konfidenzzahl $\gamma=0,95$.

● AUFGABE 21

Die Zufallsvariable X sei in [0;a] gleichmäßig verteilt. Berechnen Sie mit Hilfe der Testgröße X_{max} ein Konfidenzintervall
für den Parameter a.
Zahlenbeispiel: n = 100 ; x_{max} = 9,99 ; γ= 0,95 .

● AUFGABE 22

Die Zufallsvariable X sei in [0,a] gleichmäßig verteilt.

a) Zeigen Sie: Bei einem Stichprobenumfang n ist $\frac{n+1}{n}X_{max}$
eine erwartungstreue Schätzfunktion für den Parameter a
mit $D^2(\frac{n+1}{n}\cdot X_{max}) = \frac{a^2}{n\cdot(n+2)}$.

b) $2\cdot\bar{X}$ ist ebenfalls eine erwartungstreue Schätzfunktion für a.
Welche der beiden Schätzfunktionen ist wirksamer?

● AUFGABE 23

Die Zufallsvariable X sei in [$\mu-1/2;\mu+1/2$] gleichmäßig ver-
teilt. Zeigen Sie, daß $Z = X_{max} - \frac{1}{2} + \frac{1}{n+1}$ eine erwartungstreue
Schätzfunktion für den Parameter μ ist mit $D^2(Z) = \frac{n}{(n+1)^2\cdot(n+2)}$.

● AUFGABE 24

Die Zufallsvariable X sei in [a,b] gleichmäßig verteilt. Dann
ist $Y = \frac{X-a}{b-a}$ in [0,1] gleichmäßig verteilt.

1.) Zeigen Sie, daß bei einer Stichprobe vom Umfang n für
$Z = Y_{min} + Y_{max}$ gilt: E(Z) = 1 ; $D^2(Z) = \frac{3}{(n+1)\cdot(n+2)}$.

2.) Bestimmen Sie hieraus den Erwartungswert und die Varianz
der Schätzfunktion $W = \frac{1}{2}(X_{min} + X_{max})$.

4. Parametertests

● AUFGABE 1

In einer Sendung von 10 Geräten befindet sich 1 fehlerhaftes,
wobei der Fehler nur durch eine sehr kostspielige Qualitätskontrolle festgestellt werden kann. Der Hersteller behauptet,
alle 10 Geräte seien einwandfrei. Ein Abnehmer führt folgende
Eingangskontrolle durch: Er prüft 5 Geräte. Sind sie alle einwandfrei, so nimmt er die Sendung an, sonst läßt er sie zu-
rückgehen. Berechnen Sie die Irrtumswahrscheinlichkeiten bei
dieser Entscheidung.

● AUFGABE 2

Vor der Annahme einer umfangreichen Warenlieferung wird folgender Eingangstest durchgeführt:
Zunächst wird eine Stichprobe vom Umfang 5 entnommen. Befindet
sich in der Stichprobe kein fehlerhaftes Stück, so wird die
Lieferung angenommen. Sind mehr als ein Stück aus der Stichprobe fehlerhaft, so wird die Sendung zurückgewiesen. Bei
einem fehlerhaften Stück in der Stichprobe wird eine zweite
Stichprobe vom Umfang 20 entnommen. Falls sich mehr als ein
fehlerhaftes Stück in dieser zweiten Stichprobe befindet, wird
die Lieferung abgelehnt, sonst angenommen.
Berechnen Sie die Wahrscheinlichkeit dafür, daß die Lieferung
angenommen wird, falls sich in der Sendung $100 \cdot p\%$ fehlerhafte
Stücke befinden (benutzen Sie die Approximation durch die Binomialverteilung).
Zahlenbeispiele: a) $p=0,01$; b) $p=0,05$; c) $p=0,1$; d) $p=0,2$;
                 e) $p=0,5$.

● AUFGABE 3

Die Zufallsvariable der Körpergröße von Mädchen eines bestimmten Jahrganges sei etwa $N(99;25)-$, die der gleichaltrigen
Jungen etwa $N(100;25)$-verteilt. Aus einer Meßreihe vom Umfang
400 sei nicht mehr feststellbar, ob Mädchen oder Jungen gemessen wurden.

a) Folgende Testentscheidung wird benutzt: Gilt für den Mittelwert $\bar{x} < 99,5$, so entscheidet man sich für $\mu=99$, sonst für
$\mu=100$. Bestimmen Sie die beiden Irrtumswahrscheinlichkeiten.

b) Wie groß muß der Stichprobenumfang n mindestens sein, damit
beide Irrtumswahrscheinlichkeiten höchstens gleich 0,001
sind?

● AUFGABE 4

Unter 3 000 in einer Klinik neugeborenen Kindern befanden sich
1 578 Knaben. Testen Sie mit einer Irrtumswahrscheinlichkeit
$\alpha=0,01$ die Nullhypothese H_o: P(Knabengeburt) = 0,5 .

● AUFGABE 5

Bei einer Umfrage vor einer Wahl sagten 285 der 2 000 befragten
Personen, sie würden nicht zur Wahl gehen. Nachdem in der
Zwischenzeit ein heißes "Kopf an Kopf-Rennen" zweier Blöcke
bekanntgegeben wurde, betrug die tatsächliche Wahlbeteiligung
88,5%. Kann daraus mit 99%-iger Sicherheit geschlossen werden,
daß in der Zwischenzeit Personen, die ursprünglich nicht zur
Wahl gehen wollten, umgestimmt wurden?

● AUFGABE 6

Die Montagezeit nach einem herkömmlichen Verfahren sei ungefähr normalverteilt mit dem Erwartungswert $\mu=60$ min und der
Standardabweichung $\sigma=4$ min. Da die Umstellung auf ein neues
Verfahren sehr kostspielig ist, hat der Vorstand des Unter-
nehmens beschlossen, die Umstellung nur dann vorzunehmen, wenn
die Montagezeit um mehr als 10% verkürzt wird.

a) Stellen Sie für diesen Test Hypothese und Alternative auf.

b) Mit Hilfe einer Stichprobe vom Umfang n werde folgende
Testentscheidung durchgeführt:
$\bar{x} < 53,8$ ⇒ Umstellung wird vorgenommen.
Wie groß muß der Stichprobenumfang n mindestens sein, damit
die Irrtumswahrscheinlichkeit 1. Art höchstens 0,05 ist?

c) Ist b) auch für $\bar{x} < 54$ lösbar?

● AUFGABE 7

Der Hersteller eines billigen Produkts behauptet seinen Kunden
gegenüber, höchstens 5% der Ware sei fehlerhaft.
Um seine Kunden nicht zu verärgern, führt der Hersteller wiederholt folgende Qualitätskontrolle durch: Falls von 300 geprüften
Stücken höchstens c_H fehlerhaft sind, wird die Produktion aus-
geliefert, sonst werden alle Stücke geprüft.
Der Kunde dagegen trifft folgende Entscheidung: Falls sich in
einer Stichprobe von 400 Stücken mehr als c_K fehlerhafte befinden, wird die Sendung nicht angenommen.

a) Bestimmen Sie die Konstanten c_H und c_K so, daß die jeweiligen Irrtumswahrscheinlichkeiten 1. Art höchstens 0,05 sind.
b) Bestimmen Sie jeweils die Irrtumswahrscheinlichkeiten 1. und
   2. Art sowie deren oberen Grenzen.
c) Berechnen Sie jeweils die möglichen Irrtumswahrscheinlichkeiten, falls 4 bzw. 7 % der Ware fehlerhaft ist.

● AUFGABE 8

Der Lieferant einer großen Warensendung behauptet, die Aus-
schußquote in der Lieferung sei höchstens 5%.

a.) Die Behauptung des Lieferanten sei die Hypothese H_0.
    Wie lautet sie und ihre Alternative?
b) Zum Test der Hypothese wird folgendes Verfahren benutzt:
   Der Liefermenge werden 40 Stück zufällig entnommen. Falls
   sich darunter mehr als zwei fehlerhafte Stücke befinden,
   wird die Lieferung nicht angenommen. Bestimmen Sie die Gütefunktion und die von p abhängigen Irrtumswahrscheinlichkeiten.
c) Berechnen Sie die Irrtumswahrscheinlichkeiten für die Testentscheidung aus b),falls die Gesamtlieferung 3% bzw. 6%
   Ausschuß enthält.

● AUFGABE 9

Durch langjährige Beobachtungen sei bekannt, daß die durchschnittliche Brenndauer der mit einem bestimmten Produktions-
verfahren hergestellten Glühlampen 2000 Stunden beträgt bei

einer Standardabweichung $\sigma_0 = 100$ Stunden. Eine nach Vornahme
einer geringfügigen Materialänderung hergestellten Probeserie
von $n = 100$ Lampen ergibt eine mittlere Brenndauer von 2 030
Stunden.

a) Kann aus diesem Ergebnis auf eine signifikante Erhöhung der
   Brenndauer bei Anwendung des neuen Verfahrens geschlossen
   werden? Führen Sie den Test mit $\alpha = 0,01$ durch.

b) Die Herstellerfirma treffe prinzipiell folgende Entscheidung: Beträgt die mittlere Lebensdauer von 100 zufällig ausgewählten Glühlampen mindestens 2 015 Stunden, so wird nach
   dem neuen Verfahren, andernfalls nach dem alten Verfahren
   produziert. Berechnen Sie für diese Testentscheidung die
   Irrtumswahrscheinlichkeit 1. Art sowie die Irrtumswahrscheinlichkeit 2. Art in Abhängigkeit von der wahren Lebens-
   dauererwartung μ des neuen Verfahrens.
   Zahlenbeispiel: $\mu = 2\ 020$. Berechnen Sie $\lim\limits_{\mu \to 2000} \beta(\mu)$.
Die Standardabweichung sei konstant.

● AUFGABE 10

Von einem Heilmittel sei bekannt, daß bei etwa 70% der Behand-
lungen infolge dieses Heilmittels eine Heilung eintritt.

a) Bevor ein neues Medikament auf den Markt kommt, wird es aus
   Risikogründen nur 15 an der entsprechenden Krankheit lei-
   denden Personen verabreicht. Falls mindestens 12 dieser
   Personen geheilt werden, geht man davon aus, daß das neue
   Medikament besser ist als das alte. Mit welcher Irrtumswahrscheinlichkeit ist eine solche Entscheidung für das
   neue Medikament falsch?

b) Wieviel der 15 Testpersonen müssen mindestens geheilt werden, damit die Irrtumswahrscheinlichkeit 1. Art höchstens
   0,05 ist?

c) Nach einigen Vorversuchen wird das Medikament 100 Patienten
   verabreicht. Wieviel Personen müssen mindestens geheilt
   werden, damit eine Entscheidung für das neue Medikament
   mit einer Irrtumswahrscheinlichkeit von $\alpha = 0,01$ behaftet ist?

●AUFGABE 11

Eine "Multiple-Choice-Prüfung" bestehe aus 100 Einzelfragen,
wobei bei jeder Frage in zufälliger Reihenfolge 4 Antworten angegeben sind, wovon genau eine richtig ist. Der Prüfling darf
jeweils nur eine Antwort ankreuzen. Wieviel richtig angekreuzte
Antworten müssen zum Bestehen der Prüfung mindestens verlangt
werden, damit man die Prüfung durch Raten (zufälliges Ankreuzen)
höchstens mit Wahrscheinlichkeit
a) 0,05 ; b) 0,01 ; c) 0,001 ; d) 0,0001
bestehen kann?

●AUFGABE 12

Glühbirnen zweier verschiedener Hersteller wurden auf ihre
Brenndauer [in h] untersucht. Dabei ergaben sich folgende Werte

Hersteller	Anzahl der ge- getesteten Birnen	mittlere Brenndauer [h]	Streuung [h]
A	80	1430	90
B	100	1510	110

Kann man aufgrund dieser Ergebnisse mit einer Irrtumswahrscheinlichkeit a) $\alpha=0,01$; b) $\alpha=0,05$ behaupten, die von B
hergestellten Glühbirnen besitzen eine längere Brenndauer?

●AUFGABE 13

Zur Untersuchung des Einflusses eines Düngemittels auf die Wei-
zenproduktion wurde ein Acker in 20 gleichgroße Parzellen eingeteilt, wobei zwischen benachbarten Parzellen genügend Zwischen-
raum gewählt wurde, damit eine gegenseitige Beeinflussung über
den Boden fast ausgeschlossen werden kann. Von diesen Parzellen
wurden 10 zufällig ausgewählt und gedüngt, die restlichen Parzellen wurden nicht gedüngt.
Der mittlere Ertrag auf den ungedüngten Parzellen betrug 3 dz
mit einer Standardabweichung von 0,4 dz, während er auf den
gedüngten Parzellen 3,35 dz betrug mit einer Standardabweichung
von 0,3 dz. Kann man daraus schließen, daß die Düngung zu einer
signifikanten Ertragserhöhung führt und zwar mit einer Irrtumswahrscheinlichkeit von a) $\alpha=0,05$; b) $\alpha=0,01$?

● AUFGABE 14

Um zwei Methoden zur Stärkegehaltsbestimmung miteinander zu
vergleichen, wurden 20 Kartoffeln halbiert und jeweils auf die
beiden Hälften die beiden verschiedenen Methoden angewandt. Es
ergaben sich folgende Unterschiede des Stärkegehalts (in ‰)
zwischen den beiden Hälften:
1; 0; 2; -1; 1; 3; -2; 4; -1; 0; 2; -1; 1; 0; 3; -2; 0; 1;-2; 0.
Testen Sie mit $\alpha=0,05$ die Hypothese, daß beide Methoden i.A.
den gleichen Stärkegehalt liefern, daß sich die Ergenbisse
also höchstens durch Meßfehler unterscheiden. Dabei sei voraus-
gesetzt, daß das entsprechende Merkmal ungefähr normalverteilt
ist.

● AUFGABE 15

10 Versuchspersonen wurden vor und nach einem Trainingsprogramm
einem bestimmten Test unterzogen. Man erhielt die folgenden
Testergebnisse:

Person Nr.	1	2	3	4	5	6	7	8	9	10
vorher	34	56	45	47	69	93	51	63	54	62
nachher	31	55	47	44	73	89	44	60	50	61

Testen Sie unter der Voraussetzung, daß die Testergebnisse ungefähr normalverteilt sind, mit einer Irrtumswahrscheinlichkeit
$\alpha=0,02$, ob die Testleistungen vor und nach dem Trainingsprogramm nur zufällig voneinander abweichen.

● AUFGABE 16

Mit einem bestimmten Verfahren soll der Fettgehalt [in %] von
verschiedenen Wurstsorten geprüft werden. Jemand äußert den
Verdacht, daß bei der Anwendung dieses Verfahrens infolge eines
systematischen Fehlers der empirische Fettgehalt um mehr als 2
Prozentpunkte zu niedrig ist. Zur Überprüfung dieser Vermutung
wurden bei 40 Proben die Differenzen der tatsächlichen und der
gemessenen Fettgehalte berechnet; dabei erhielt man $\bar{x}=-2,4$ und
$s=0,8$. Kann hieraus die Vermutung mit einer Irrtumswahrscheinlichkeit $\alpha=0,05$ bestätigt werden?

● AUFGABE 17

Ein Schüler verteilt an 1 800 Haushalte eines Bezirks Prospekte.
Falls mehr als 5% der Haushalte keinen Prospekt erhalten, soll
er keine Vergütung für seine unzuverlässige Arbeit erhalten.
Zur Nachprüfung werden a) n=100, b) n=400 der Haushalte befragt, ob sie den Prospekt erhalten haben. Wieviele der befragten Haushalte müssen mindestens den Prospekt nicht erhalten
haben, damit die Nichthonorierung der Arbeit höchstens mit einer Irrtumswahrscheinlichkeit $\alpha=0,02$ zu recht erfolgt? Benutzen
Sie dabei die Streuung der Binomialverteilung und der hypergeometrischen Verteilung.

● AUFGABE 18

Nach Angabe des Herstellers eines bestimmten PKW-Typs ist der
Benzinverbrauch im Stadtverkehr annähernd normalverteilt mit
dem Erwartungswert $\mu=9,5$ 1/100 km und der Streuung $\sigma=2,5$ 1/100 km.
Zur Überprüfung der Angaben des Herstellers führt eine Ver-
braucherorganisation einen Test mit 25 PKW's durch mit folgen-
dem Ergebnis:
Mittlerer Benzinverbrauch $\bar{x} = 9,9$ 1 ;
Streuung $s = 3,5$ 1 .
Testen Sie mit der Irrtumswahrscheinlichkeit $\alpha=0,05$ die beiden
Angaben des Herstellers.

● AUFGABE 19

Eine Abfüllmaschine kann auf verschiedene Abfüllmengen einge-
stellt werden. Es wird angenommen, daß die Zufallsvariable X,
welche die Abfüllmenge in Gramm beschreibt, bei jeder Einstellung ungefähr normalverteilt ist. Es ist weiterhin er-
wünscht, daß bei jeder Einstellung die Varianz gleich bleibt.
Um dies zu testen, werden bei zwei verschiedenen Einstellungen
Stichproben vom Umfang $n_1=15$ bzw. $n_2=20$ entnommen.
1. Stichprobe: 440,433,489,438,432,445,435,441,438,442,445,
               420,467,428,425.
2. Stichprobe: 808,835,858,832,826,827,837,853,860,835,852,
               834,840,814,847,814,823,801,840,854.
Testen Sie die Hypothese H_0: $\sigma_1^2=\sigma_2^2$ mit $\alpha=0,05$.

● AUFGABE 20

Bei einer ungefähr $N(150,20^2)$-verteilten Montagezeit läßt sich momentan der Erwartungswert $\mu=150$ Min. nicht verringern. Um jedoch eine gleichmäßigere Arbeitsweise zu erreichen, möchte man die Produktion umstellen, falls ein Montageverfahren entwickelt wird, bei dem die Standardabweichung der Montagezeit kleiner als 10 Min. ist.
Nach einem neuen Verfahren wird eine Stichprobe von 30 zufällig ausgewählten Montagezeiten gezogen. Danach soll über die Umstellung entschieden werden. Wie groß darf die Streuung s dieser Stichprobe höchstens sein, damit die Irrtumswahrscheinlichkeit bei einer Entscheidung für $\sigma<10$ höchstens 0,05 ist?

● AUFGABE 21

Die Anzahl der Fahrzeuge, die während der Hauptverkehrszeit pro Zeiteinheit eine bestimmte Kreuzung passieren, sei Poisson-verteilt. Vor Durchführung einer Verkehrsberuhigungsmaßnahme lautete der Parameter $\lambda=2,9$. Nach der Maßnahme passierten während 100 Zeiteinheiten 255 Fahrzeuge die Kreuzung. Kann daraus mit einer Irrtumswahrscheinlichkeit $\alpha=0,05$ geschlossen werden, daß die Maßnahme zur (signifikanten) Abnahme des Verkehrs an der Kreuzung geführt hat? (Benutzen Sie für die Testgröße den zentralen Grenzwertsatz).

● AUFGABE 22

In einer Telefonzentrale seien die Anzahl der Anrufe pro Minute Poisson-verteilt. Zum Einstellungszeitpunkt einer Telefonistin betrug der Parameter $\lambda=4,1$. Nach einer gewissen Zeitspanne stellt die Telefonistin fest, daß innerhalb einer Stunde 273 Anrufe erfolgten. Kann daraus mit einer Irrtumswahrscheinlichkeit von 0,05 geschlossen werden, daß sich die mittlere Anzahl der Anrufe pro Minute signifikant erhöht hat?

● AUFGABE 23

In einem Betrieb werden von einer Maschine Schrauben und von
•einer zweiten Maschine die dazugehörigen Muttern hergestellt.
Dabei seien die entsprechenden Zufallsvariablen, welche die
Durchmesser[in mm]beschreiben, annähernd $N(\mu_1,0,3^2)$- bzw.
$N(\mu_2,0,3^2)$-verteilt (σ_0 ändert sich als Maschinengröße nicht).

a) Zum Test der Hypothese H_0: $\mu_1=\mu_2$ werden 200 Schrauben und
   100 Muttern gemessen mit dem Mittelwert $\bar{x}$ bzw. $\bar{y}$. Wie groß
   muß $|\bar{x}-\bar{y}|$ mindestens sein, damit die Nullhypothese mit einer
   Irrtumswahrscheinlichkeit $\alpha=0,02$ abgelehnt werden kann?
b) In der Praxis sei die Produktion brauchbar, falls
   $|\mu_1-\mu_2|\leq0,2$ (mmm) ist. Bestimmen Sie für $n_1=200$ und $n_2=100$
   die Ablehnungsgrenzen für die einseitigen Tests
$$H_0: \mu_1-\mu_0=0,2 \; ; \quad H_1: \mu_1-\mu_0>0,2 \; ;$$
$$H_0: \mu_1-\mu_0=-0,2; \quad H_1: \mu_1-\mu_0<-0,2$$
   mit $\alpha=0,01$.

● AUFGABE 24

Die Gewichte [in g] der von einer Maschine abgepackten Zucker-
pakete seien $N(\mu,9)$-verteilt, wobei die Varianz $\sigma_0^2=9$ unabhängig ist von der Maschineneinstellung. Da der Hersteller
weiß, daß seine ideale Maschineneinstellung $\mu_0=1007$ i.A. nicht
eingehalten werden kann, läßt er seine Produktion weiterlaufen,
wenn er aufgrund eines Tests zur Entscheidung
$$1005 < \mu < 1009$$
gelangt. Bestimmen Sie zur Hypothese $H_0:|\mu-1007|\geq2$ gegen die
Alternative $H_1:|\mu-1007|<2$
einen geeigneten Ablehnungsbereich für H_0 zum Stichprobenumfang n=100, für den die Irrtumswahrscheinlichkeit 1. Art
höchstens 0,01 ist.

5. Varianzanalyse

● AUFGABE 1

Bei der Untersuchung der Weizenerträge [in dz/ha] in Abhängigkeit von verschiedenen Düngemitteln ergaben sich folgende Werte

Düngemittel	Erträge				
A	54,1	52,3	57,4	57,8	51,8
B	53	54,6	56,9	59,4	57
C	57,4	61,6	58,2	63,4	58,9
D	58,6	61,3	59,5	63	62,5

Testen Sie mit $\alpha=0,05$, ob die Düngemittel Einfluß auf den Ertrag haben. Dabei seien die Varianzen der vier Grundgesamtheiten gleich.

● AUFGABE 2

Auf einem Versuchsfeld werden 8 Sorten Weizen auf ihren Ertrag
getestet. Dazu wurden die Erträge von je 5 jeweils 50 m langen
Reihen dieser Sorten gewogen. Dabei ergaben sich folgende Gewichte (in Kilogramm pro Reihe):

Sorte \ Reihe	1	2	3	4	5
1	3,0	3,6	3,4	3,4	3,5
2	4,1	4,0	4,4	3,5	3,3
3	4,4	3,4	4,3	3,3	3,0
4	3,1	3,2	3,2	2,7	2,5
5	4,7	4,1	4,5	4,9	4,0
6	3,5	3,5	3,6	3,1	3,1
7	3,3	3,4	3,6	3,6	2,3
8	4,9	3,8	4,1	3,4	3,3

Untersuchen Sie unter der Normalverteilungsannahme, ob sich
die Erträge der Sorten signifikant unterscheiden mit $\alpha=0,01$.

● AUFGABE 3

In einem Automobilwerk werden auf 4 Endmontagebändern Kraftfahrzeuge fertiggestellt. Innerhalb einer Woche wird bei der
Schlußkontrolle festgestellt, wieviele Fahrzeuge pro Band Montagemängel aufweisen. Dabei ergeben sich folgende Zahlen:

	Montag	Dienstag	Mittwoch	Donnerstag	Freitag
Band 1	47	56	45	43	59
Band 2	52	47	46	42	48
Band 3	55	50	53	60	62
Band 4	51	39	42	46	42

Unter der Annahme, daß die Ausschußzahlen ungefähr normalverteilt sind mit gleicher Varianz und innerhalb der einzelnen
Bänder auch die Erwartungswerte konstant bleiben, teste man die
Hypothese, daß auch zwischen den Bändern keine Unterschiede
bzgl. der Erwartungswerte bestehen mit a) $\alpha=0,05$; b) $\alpha=0,01$.

● AUFGABE 4

Gemessen wurden die Kelchlängen (in mm) einer bestimmten Pri-
melart bei 10 verschiedenen Pflanzen (Quelle: E. Weber, Grundriß der biologischen Statistik)

Pflanze	1	2	3	4	5	6	7	8	9	10
Blüten-längen	12,5	13,5	15,0	11,5	12,5	12,0	15,0	15,0	10,5	13,0
	11,5	14,5	13,5	12,0	12,5	11,0	15,5	13,5	10,5	13,5
	12,0	13,5	13,5	12,0	12,5	11,5	14,5	15,0	11,0	13,5
	12,5	13,5	14,5	11,5	12,0	11,5	13,0			
	11,5	12,5	14,5	12,0	11,5					

Testen Sie mit $\alpha=0,01$ die Hypothese H_o: Der Erwartungswert der
Blütenlängen ist bei allen Pflanzen der Grundgesamtheit gleich.

● AUFGABE 5

Um die Wirksamkeit von Lehrmethoden zu prüfen, wurden 20 zufällig ausgewählte Schüler in drei Gruppen zusammengefaßt und
nach drei verschiedenen Lehrmethoden unterrichtet. Die Leistungen der 20 Schüler wurden nach einem Jahr durch eine Klausur
überprüft. Dabei erhielten die einzelnen Schüler folgende Punktzahlen:

Gruppe 1	8	18	13	12	14					
Gruppe 2	20	19	20	17	19					
Gruppe 3	19	12	9	17	16	18	10	14	17	18

Die Punktzahlen in der Klausur seien ungefähr normalverteilt
mit gleicher Varianz. Testen Sie mit $\alpha=0,05$, ob bei allen drei
Lehrmethoden gleiche mittlere Leistungen erzielt werden.

● AUFGABE 6

In der nachfolgenden Tabelle sind Weizenerträge in Abhängigkeit von der Sorte und dem Anbauort gemessen worden.

Anbauort Sorte	I	II	III
A	8	19	24
B	10	20	22
C	16	18	23
D	14	22	21

Testen Sie mit $\alpha=0,05$, ob Sorte oder Anbauort Einfluß auf den
(mittleren) Ertrag haben.

● AUFGABE 7

6 verschiedene Zapfsäulen einer Tankstelle werden folgender-
maßen geprüft: Vier Prüfer entnehmen an jeder Zapfsäule je 10 l
nach der Anzeige aus der Zapfsäule. Diese 10 l messen sie mit
einem Meßgefäß nach. Die Differenz zwischen dem von der Zapfsäule angezeigten und dem nachgemessenen Wert wird notiert
(Einheit 100 cm^3). Dabei erhält man die Tabelle

	Zapfsäule					
	1	2	3	4	5	6
P I	-2	1	0	-1	1	-1
Prüfer P II	-1	4	0	0	1	2
P III	0	3	-1	2	0	2
P IV	-1	1	0	-1	1	1

Die Werte seien ungefähr normalverteilt. Testen Sie mit $\alpha=0,05$,
ob die Prüfer unterschiedliche mittlere Meßwerte erhalten und
ob die Zapfsäulen verschiedene mittlere Benzinmengen abgeben.

● AUFGABE 8

Testen Sie mit der folgenden Stichprobe, ob der Wochentag oder
die Arbeitsschicht einen signifikanten Einfluß auf die Produktionsmengen (in Tonnen) eines Werkes haben ($\alpha=0,05$):

	Frühschicht	Tagesschicht	Spätschicht
Montag	1,7	1,9	2,0
Dienstag	2,0	2,2	2,1
Mittwoch	2,0	2,1	2,0
Donnerstag	2,1	1,8	1,9
Freitag	1,8	1,9	1,8

6. Chi-Quadrat-Anpassungstests

● AUFGABE 1

Lösen Sie Aufgabe 4 von Abschnitt 4 mit Hilfe des Chi-Quadrat-Anpassungstests.

● AUFGABE 2

384 zufällig ausgewählte Personen wurden nach ihrem Urteil in einer bestimmten Angelegenheit befragt. Zur statistischen Auswertung wurden die Urteile jeweils in eine von 6 Kategorien eingeordnet. Es ergab sich die Tabelle:

Kategorie	I	II	III	IV	V	VI
Anzahl der Urteile	58	61	72	67	57	69

Testen Sie mit $\alpha=0,05$, ob in der Grundgesamtheit alle sechs Kategorien gleichwahrscheinlich sind.

● AUFGABE 3

In einer Entbindungsstation ergaben sich für die einzelnen Monate eines Jahres folgende Geburtenhäufigkeiten:

Monat	Jan.	Febr.	März	April	Mai	Juni	Juli	Aug.	Sept.	Okt.	Nov.	Dez.
Geburten	119	116	121	125	129	140	138	136	124	127	115	113

Testen Sie hiermit die Hypothese der Gleichverteilung der Geburten auf die einzelnen Monate des Jahres mit $\alpha=0,05$.

● AUFGABE 4

Das zweite Mendelsche Gesetz besagt, daß bei Kreuzung zweier Pflanzen mit rosa Blütenfarben Pflanzen entstehen, deren Blütenfarben rot, rosa oder weiß sind und zwar mit den Wahrscheinlichkeiten $P(rot):P(rosa):P(weiß) = 1:2:1$.
Zum Test der Mendelschen Hypothese wurden 500 Kreuzungsversuche vorgenommen mit dem Ergebnis

Merkmal	rot	rosa	weiß
Häufigkeiten	128	255	117

Testen Sie hiermit die Gültigkeit dieses Mendelschen Gesetzes mit $\alpha=0,05$.

● AUFGABE 5

Ein Tennisspieler spielte während einer Saison 80 Spiele, wobei
jedes Spiel aus 3 Einzelsätzen bestand. Die Anzahl der gewonnenen
Sätze pro Spiel sind in der folgenden Tabelle zusammengestellt

Anzahl der gewonnenen Sätze pro Spiel	0	1	2	3
Häufigkeiten	10	18	28	24

Testen Sie mit $\alpha=0{,}05$, ob bei dem Spieler bei jedem einzelnen
Satz die Gewinnwahrscheinlichkeit p konstant ist.

● AUFGABE 6

Bei einer Befragung von 500 Familien mit 3 Kindern ergab sich
folgende Verteilung

Anzahl der Knaben	0	1	2	3
Anzahl der Familien	54	175	195	76

Testen Sie mit $\alpha=0{,}05$ folgende Hypothesen:

1) Die Wahrscheinlichkeit einer Knabengeburt ist 0,5.
2) Die Wahrscheinlichkeit einer Knabengeburt ist 0,515.
   Interpretieren Sie die Ergebnisse.

● AUFGABE 7

Von einer Zufallsvariablen X wird vermutet, daß sie die nebenstehende Dichte
f besitzt mit f(x)=0 für $x\notin[0;3]$.

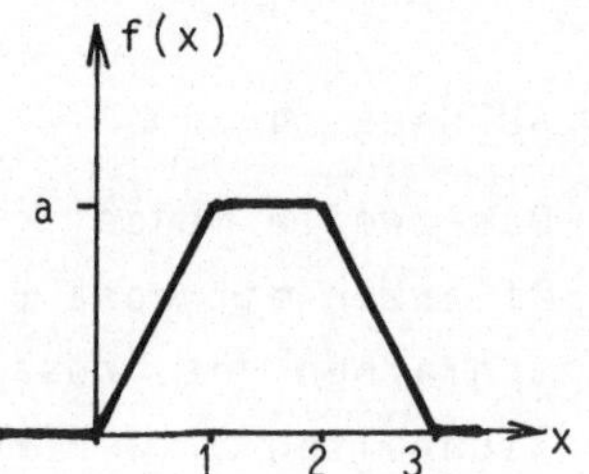

a) Bestimmen Sie die Konstante a so, daß
   f Dichte ist.
b) Testen Sie die Vermutung mit folgender
   Stichprobe ($\alpha=0{,}05$)

Klasse	h_i(abs. Häufigkeiten)
$0 \leq x \leq 1$	15
$1 < x \leq 2$	29
$2 < x \leq 3$	6

● AUFGABE 8

Glühbirnen einer bestimmten Sorte werden in einer Großhandlung
in Viererpackungen verkauft. Bei der Überprüfung von 500 Pak-
kungen erhielt man die Anzahl der fehlerhaften Stücke je Paket

Anzahl defekter Glüh- birnen je Packung	0	1	2	3	4
absolute Häufigkeit	411	40	30	16	3

Testen Sie mit $\alpha=0,01$ jeweils die Hypothese:

a) Die Grundgesamtheit ist Poisson-verteilt.

b) Die Grundgesamtheit ist binomialverteilt.

● AUFGABE 9

Bei der Bestimmung des Geburtsgewichts von 100 Mädchen ergaben
sich folgende gerundeten Werte

kg	2,7	2,8	2,9	3,0	3,1	3,2	3,3	3,4	3,5	3,6
Anzahl der Mädchen	6	8	11	13	14	11	13	8	9	7

Testen Sie sowohl die Hypothese 'Gleichverteilung in [2,65;3,65]'
als auch die Hypothese 'Normalverteilung' mit einer Irrtumswahrscheinlichkeit $\alpha=0,05$.

● AUFGABE 10

Testen Sie mit $\alpha=0,05$, ob die in Aufgabe 7 aus Abschnitt 1 dargestellte Stichprobe aus einer normalverteilten Grundgesamtheit stammt. Benutzen Sie dabei $\bar{x}=145,19$ und $s=3,27$.

● AUFGABE 11

Eine Automobilfirma behauptet, der Benzinverbrauch (in Liter
pro 100 km) sei normalverteilt mit dem Erwartungswert $\mu=10$ l
und der Standardabweichung $\sigma=1$ l.
Bei einer Überprüfung bei 1 000 zufällig ausgewählten Autos
ergaben sich folgende Werte

Verbrauch (1)	Häufigkeit
$x \leq 9,5$	248
$9,5 < x \leq 10$	180
$10 \ \ < x \leq 10,5$	242
$10,5 < x$	330

Testen Sie mit $\alpha=0,01$, ob die Angaben des Herstellers stimmen.

● AUFGABE 12

In einer Telefonzentrale sollten die Schaltzeiten X ermittelt
werden, die für das Erstellen einer Verbindung notwendig sind.
Dabei ergaben sich folgende Zeiten (in Sekunden):

0,14	0,59	0,86	0,72	0,14
1,09	1,67	1,71	0,14	1,07
0,61	2,28	2,16	1,60	0,35
0,67	0,60	1,05	0,18	0,06
0,24	1,49	0,56	0,21	0,27

Testen Sie mit $\alpha=0,05$ die Hypothese
H_o: X ist exponentialverteilt, d.h. $P(X \leq x)=1-e^{-\lambda x}$, $x \geq 0$.
Benutzen Sie dabei $\bar{x}=0,8184$ und die Klasseneinteilung
0; 0,2; 0,4; 0,7; 1,3; ∞.

● AUFGABE 13

In Aufgabe 10 aus Abschnitt 1 wurde die Verteilung des Heirats-
alters der Frauen dargestellt. Testen Sie dieses Zahlenmaterial
auf Normalverteilung mit einer Irrtumswahrscheinlichkeit
$\alpha=0,001$. Benutzen Sie dabei $\bar{x}=23,4$ und $s=5,24$.

● AUFGABE 14

Die Eltern von 30 (ehelich geborenen) Babys wurden gefragt, wie
lange nach der Eheschließung das erste Kind geboren wurde. Es
ergaben sich folgende Zahlen (in Jahren):

1,46	2,41	2,41	1,08	11,94	2,41
0,73	0,89	0,19	2,18	0,33	0,06
0,49	1,62	21,75	3,60	1,32	0,89
1,20	1,20	0,44	1,46	3,25	8,85
0,66	1,79	0,33	1,97	0,08	0,66

Die Zufallsvariable X beschreibe die Zeit zwischen der Eheschließung und der (nachfolgenden) Geburt des ersten (ehelich
geborenen) Kindes.

Testen Sie mit $\alpha = 0,05$ die Hypothese: X ist logarithmisch normalverteilt, d.h. ln X ist normalverteilt. Für die logarithmischen Werte gilt $\sum\limits_i \ln x_i = 4,71$; $\sum\limits_i (\ln x_i)^2 = 48,98$.

● AUFGABE 15

In der Fußball-Bundesliga-Spielzeit 80/81 sind die Torerfolge (pro Spiel) in folgender Häufigkeitstabelle zusammengestellt:

Tore	0	1	2	3	4	5	6	7	8	9	10
Heimmannschaft	44	74	87	51	31	14	1	4	0	0	0
Gastmannschaft	79	109	71	33	11	2	1	0	0	0	0
insgesamt	13	29	60	65	61	39	26	6	5	2	0

Testen Sie mit $\alpha = 0,05$ folgende Hypothesen:
1) Die Anzahl der von der Heimmannschaft pro Spiel geschossenen Tore ist Poisson-verteilt.
2) Die Anzahl der von der Gastmannschaft geschossenen Tore pro Spiel ist Poisson-verteilt.
3) Die Gesamtzahl der Tore pro Spiel ist Poisson-verteilt.

● AUFGABE 16

Eine Stichprobe bestehe aus 12 Werten.

a) Weshalb reicht diese Stichprobe zum Test auf Normalverteilung nicht aus, falls über μ und σ^2 keine Informationen vorliegen?
b) Wann reicht die Stichprobe zur Testdurchführung aus?

● AUFGABE 17

Zur Überprüfung, ob die 6 Telefonanrufe in einem erpresserischen Entführungsfall vom gleichen Täter geführt wurden, benutzten zwei Sprachwissenschaftler in ihrem Gutachten folgenden Chi-Quadrat-Test: Durch Abzählung der gesprochenen Wörter berechneten Sie bzgl. aller 6 Gespräche die durchschnittliche Sprechdauer p für ein Wort. Mit der tatsächlichen Gesprächsdauer t_i und der Anzahl der Wörter n_i, aus denen das i-te Gespräch bestand, benutzten sie die Testgröße $\chi^2 = \sum\limits_{i=1}^{6} \dfrac{(t_i - n_i p)^2}{n_i p}$ und gingen davon aus, daß diese Größe Chi-Quadrat-verteilt ist mit 5 Freiheitsgraden. Weshalb ist dieser Test nicht zulässig?

7. Kolmogoroff-Smirnov-Test – Wahrscheinlichkeitspapier

● AUFGABE 1

Bei der Bestimmung des Blutzuckergehalts [in mg %] an 25 Patienten ergaben sich folgende Meßwerte: 79, 88, 110, 122, 84, 94,
116, 95, 109, 108, 98, 82, 101, 107, 92,77, 100, 113, 102, 104,
88, 99, 86, 84, 105.

a) Prüfen Sie mit Hilfe des Wahrscheinlichkeitsnetzes, ob die
   Grundgesamtheit normalverteilt ist.
b) Berechnen Sie zum Vergleich $\bar{x}$ und s.

● AUFGABE 2

Es besteht die Vermutung, daß die Zufallsvariable der Lebensdauer (in h) von bestimmten Geräten die Dichte $f(t) = 3 \cdot 10^{-9} t^2$
für $0 \le t \le 1\,000$ besitzt. Testen Sie diese Vermutung mit der
nachfolgenden Stichprobe mit Hilfe des Kolmogoroff-Smirnov-
Tests.
429; 607; 948; 723; 640; 978; 507; 675; 820; 784; 750; 949;
686; 400; 357; 782; 969; 504; 488; 997; 818; 860; 828; 699;
822; 730; 541; 591; 519; 962; 587; 970; 910; 886; 726; 595;
338; 975; 454; 691; 904; 726; 562; 454; 943; 988; 826; 538;
962; 855.

● AUFGABE 3

Zum Test der Hypothese
H_0: Eine Grundgesamtheit ist in $[0,1]$ gleichmäßig verteilt
wird die empirische Verteilungsfunktion $\tilde{F}_{100}(x)$ einer Stichprobe vom Umfang n=100 benutzt. Die maximale Abweichung der empirischen Verteilungsfunktion von $F(x)=x$ für $0 \le x \le 1$ sei
$$\max_{x} \left| \tilde{F}_{100}(x) - F(x) \right| = 0,16 \ .$$
Testen Sie hiermit die Nullhypothese mit der Irrtumswahrscheinlichkeit $\alpha = 0,05$.

● AUFGABE 4

Gegeben sind zwei Stichproben vom Umfang $n_1=150$ bzw. $n_2=80$
aus zwei stetig verteilten Grundgesamtheiten.
Zum Test der Hypothese

H_0: Die beiden Grundgesamtheiten besitzen die gleiche
       Verteilungsfunktion

wird aus den empirischen Verteilungsfunktionen der beiden
Stichproben die maximale Abweichung $d = \max_x | \tilde{F}(x) - \tilde{G}(x) |$
berechnet.
Die Testgröße $d \cdot \sqrt{\dfrac{n_1 \cdot n_2}{n_1 + n_2}}$ ist dabei ungefähr Kolmogoroff-Smir=
nov-verteilt.
Wie groß muß d mindestens sein, damit mit einer Irrtumswahrscheinlichkeit $\alpha=0,05$ die Nullhypothese abgelehnt werden kann?

● AUFGABE 5

Wie lautet die Testgröße in der vorigen Aufgabe, falls beide
Stichprobenumfänge gleich n sind?

● AUFGABE 6

Zum Test der Nullhypothese

H_0: Zwei stetig verteilte Grundgesamtheiten besitzen die glei-
       che Verteilungsfunktion

werden zwei Stichproben vom Umfang 100 bzw. 200 gezogen. Die
maximale Abweichung der beiden empirischen Verteilungsfunktionen sei 0,18. Kann mit einer Irrtumswahrscheinlichkeit $\alpha=0,05$
H_0 abgelehnt werden?

● AUFGABE 7

Zum Test der Nullhypothese, daß zwei stetig verteilte Zufallsvariablen die gleiche Verteilungsfunktion besitzen, wird aus
beiden Grundgesamtheiten jeweils eine Stichprobe vom Umfang n
gezogen. Wie groß muß die maximale Abweichung der beiden empirischen Verteilungsfunktionen mindestens sein, damit die
Nullhypothese mit einer Irrtumswahrscheinlichkeit von 0,01 abgelehnt werden kann für
a) n=100;   b) n=1 000;   c) n=10 000 ?

8. Zweidimensionale Stichproben

● AUFGABE 1

Bei der Untersuchung der Spitzengeschwindigkeit y (km/h) in
Abhängigkeit von der Leistung x (kW) verschiedener PKW's ergaben sich folgende Werte

x_i	65	70	68	74	63	72	70	69	66	67	71	67	64	73
y_i	164	171	170	193	149	185	178	176	168	160	184	172	153	190

a) Stellen Sie diese Werte als zweidimensionale "Punktwolke"
   graphisch dar.
b) Berechnen Sie die relative Häufigkeit des Ereignisses
   $(X \leq 70, Y \leq 170)$.

● AUFGABE 2

Bei 20 Personen einer bestimmten Altersgruppe wurden Körpergröße x und Gewicht y festgestellt. Dabei ergaben sich folgende Meßwerte:

x_i	162	155	172	163	166	168	170	159	155	172
y_i	50	49	66	45	49	58	61	52	47	61
	168	164	160	170	163	159	168	157	163	170
	52	65	50	53	57	50	67	47	47	58

a) Stellen Sie die Stichprobe graphisch dar.
b) Bestimmen Sie die relativen Häufigkeiten folgender Ereignisse: $(X \leq 167)$; $(Y \leq 55)$; $(X \leq 167, Y \leq 55)$.

● AUFGABE 3

Zeichnen Sie ein Histogramm für die in der nachfolgenden Häufigkeitstabelle (Klasseneinteilung) dargestellte zweidimensionale Stichprobe.

	$0 \leq y \leq 2$	$2 < y \leq 4$	$4 < y \leq 5$
$1 < x \leq 3$	4	6	4
$3 < x \leq 5$	2	5	3

9. Kontingenztafeln – Vierfeldertafeln
(Homogenitäts- und Unabhängigkeitstests)

● AUFGABE 1

Zum Test, ob eine Impfung gegen Grippe tatsächlich hilft, wurden 500 Personen überwacht, die sich nicht impfen ließen und 200 Personen, die geimpft wurden. Dabei ergab sich folgendes Ergebnis:

	nicht an der Grippe erkrankt	an der Grippe erkrankt
nicht geimpft	48	452
geimpft	9	191

Testen Sie mit a) $\alpha=0,05$; b) $\alpha=0,01$ die Hypothese, daß die Impfung keinen Einfluß auf die Grippeerkrankung hat.

● AUFGABE 2

Um zu testen, ob durch ein bestimmtes Medikament die Heilungschancen bei einer bestimmten Krankheit steigen, wird das Medikament 100 Kranken verabreicht, während eine andere Gruppe von 100 Patienten das Medikament nicht erhält. Die Anzahl der Heilungserfolge ist in der nachfolgenden Tabelle zusammengestellt.

	geheilt	nicht geheilt
mit Medikament	79	21
ohne Medikament	67	33

Führen Sie den Test mit $\alpha=0,05$ durch.

● AUFGABE 3

Zur Überprüfung, ob von zwei Pflanzenschutzmitteln gegen eine bestimmte Krankheit eines besser ist, wurden 200 Pflanzen mit dem Mittel A und 280 Pflanzen mit dem Mittel B behandelt und zwar mit folgendem Ergebnis:

	von der Krankheit befallen	nicht befallen
A	19	181
B	20	260

Kann daraus mit einer Irrtumswahrscheinlichkeit von $\alpha=0,05$ geschlossen werden, daß das Mittel B besser ist?

● AUFGABE 4

350 Studenten nahmen an der Statistik-und an der Mathematikklausur teil. Dabei kam folgendes Ergebnis heraus:

	Mathematik bestanden	Mathematik nicht bestanden
Statistik bestanden	40	78
Statistik nicht bestanden	41	191

Testen Sie mit $\alpha=0,01$, ob zwischen dem Bestehen der beiden Klausuren ein Zusammenhang besteht.

● AUFGABE 5

Bei einer Umfrage über das Interesse am "politischen Geschehen" wurden Frauen und Männer zufällig ausgewählt. Dabei ergaben sich folgende Häufigkeiten

	kein Interesse	mittleres Interesse	großes Interesse
Frauen	162	148	90
Männer	178	233	189

Testen Sie mit einer Irrtumswahrscheinlichkeit $\alpha=0,01$, ob Frauen und Männer am politischen Geschehen gleich stark interessiert sind.

● AUFGABE 6

Bei 500 neugeborenen Mädchen wurden Augen-und Haarfarbe festgestellt. Man erhielt folgende Tabelle

Augenfarbe	Haarfarbe			
	hellblond	dunkelblond	schwarz	rot
blau	82	53	26	9
grau oder grün	71	82	46	11
braun	28	57	31	4

Testen Sie mit der Irrtumswahrscheinlichkeit $\alpha=0,005$, ob die beiden Merkmale unabhängig sind.

● AUFGABE 7

Vier Wochen vor einer Wahl wurden 2 000 zufällig ausgewählte
Personen gefragt, welche von 4 kandidierenden Parteien sie
wählen werden. Aufgrund politischer Ereignisse wurden 3 Tage
vor der Wahl nochmals 1 000 Personen nach ihrer Stimmabgabe gefragt. Dabei ergaben sich folgende Werte

Partei	A	B	C	D	(Rest)	Unent-schlossene	keine Teilnahme an der Wahl
1. Umfrage	928	543	149	78	30	53	219
2. Umfrage	417	345	67	32	14	26	99

Überprüfen Sie mit a) $\alpha = 0,05$; b) $\alpha = 0,01$, ob zwischen der 1.
und 2. Umfrage eine signifikante Änderung des Wählerverhaltens
eingetreten ist.

● AUFGABE 8

Zu Beginn eines Kurses wurden die 151 Teilnehmer zufällig in
drei Gruppen eingeteilt. Die einzelnen Gruppen wurden mit verschiedenen Methoden unterrichtet. Die gemeinsame Abschlußprüf-
ung brachte folgendes Ergebnis

Gruppe	nicht bestanden	ausreichend	befriedigend	gut	sehr gut
1	6	13	20	7	4
2	10	18	15	5	2
3	18	19	13	1	0

Testen Sie, ob die verschiedenen Unterrichtsmethoden zu verschiedenen Lernerfolgen führen mit einer Irrtumswahrscheinlichkeit a) $\alpha = 0,05$; b) $\alpha = 0,01$.

● AUFGABE 9

In einem Entführungsfall wurden alle Einzelanschläge zweier mit
Schreibmaschine geschriebener Briefe auf 3 Fehlertypen untersucht. Dabei ergaben sich folgende Häufigkeiten

	Fehler-typ I	Fehler-typ II	Fehler-typ III	fehlerfrei
Brief 1	4	33	5	2 934
Brief 2	8	23	5	1 597

Führen Sie einen Homogenitätstest für $\alpha = 0,05$ durch.

● AUFGABE 10

Die Spielergebnisse aller Fußball-Bundesliga-Spiele der Spielzeiten 1980/81 und 1981/ 82   sind in den beiden nachfolgenden
Häufigkeitstabellen zusammengestellt.

Spielzeit 1980/81 — Anzahl der Tore d. Gastmann.

Heimmannschaft	0	1	2	3	4	5	6
0	13	8	9	10	3	0	1
1	21	31	9	8	4	1	0
2	20	33	27	4	2	1	0
3	13	15	14	7	2	0	0
4	8	13	8	2	0	0	0
5	4	7	1	2	0	0	0
6	0	0	1	0	0	0	0
7	0	2	2	0	0	0	0

Spielzeit 1981/82 — Anzahl der Tore d. Gastmann.

Tore d. Heimmann.	0	1	2	3	4	5	6
0	12	10	11	5	0	0	0
1	17	31	12	7	3	0	0
2	20	26	18	7	3	0	1
3	17	21	16	5	2	0	0
4	10	12	16	1	2	0	0
5	2	4	4	2	0	0	0
6	0	4	2	0	0	0	0
7	2	0	0	0	0	0	0
8	0	0	0	0	0	0	0
9	0	0	1	0	0	0	0

Testen Sie jeweils für beide Spielzeiten, ob die Zufallsvariablen X und Y, welche die Tore pro Spiel für die Heim-bzw. Gastmannschaft beschreiben, voneinander unabhängig sind ($\alpha=0{,}05$).

● AUFGABE 11

Zum Test der Nullhypothese

H_0: Zwei Grundgesamtheiten besitzen die gleiche Verteilungsfunktion

werden die Stichprobenhäufigkeiten für die gleiche Klassenein-
teilungen benutzt.

Klasse	1	2	......i......	r	Summe
Stichprobe 1	h_{11}	h_{12} ..... h_{1i}		h_{1r}	$h_{1\cdot}$
Stichprobe 2	h_{21}	h_{22} ..... h_{2i}		h_{2r}	$h_{2\cdot}$

Zeigen Sie, daß sich die Testgröße für den Chi-Quadrat-Homoge=
nitätstest (Kontingenztafel) in diesem Fall darstellen läßt als

$$\chi^2_{ber.} = h_{1\cdot} \cdot h_{2\cdot} \cdot \sum_{i=1}^{r} \frac{\left(\dfrac{h_{1i}}{h_{1\cdot}} - \dfrac{h_{2i}}{h_{2\cdot}} \right)^2}{h_{1i} + h_{2i}} \quad .$$

10. Kovarianz und Korrelation

● AUFGABE 1

X und Y seien zwei Zufallsvariable mit der gemeinsamen Verteilung

X \ Y	1	2	3	4
1	0,05	0,1	0	0
2	0,1	0,2	0,05	0
3	0	0,1	0,1	0,2
4	0	0	0,05	0,05

Berechnen Sie die Kovarianz σ_{xy} sowie den Korrelationskoeffizienten ρ.

● AUFGABE 2

Bei der Untersuchung der Abhängigkeit des Körpergewichts Y [kg] von der Körperlänge X [cm] bei n=20 erwachsenen Personen sind folgende Daten gemessen worden (vgl. E. Weber: Grundriß der Biologischen Statistik, S. 332):

x_i	y_i	x_i	y_i	x_i	y_i
165	56	180	80	170	63
176	75	179	76	176	71
175	70	173	68	180	78
168	61	166	57	169	62
167	61	178	76	177	75
172	63	169	60	176	71
175	72	169	64		

a) Berechnen Sie die Kovarianz und den Korrelationskoeffizienten der Stichprobe.

b) Berechnen Sie zur Konfidenzwahrscheinlichkeit $\gamma=0,95$ ein Konfidenzintervall für den Korrelationskoeffizienten ρ der Grundgesamtheit.

● AUFGABE 3

Berechnen Sie den Korrelationskoeffizienten zwischen den Toren pro Spiel der Heimmannschaft und der Gastmannschaft für die Fußballbundesligaspielzeiten
a) 1980/81 ; b) 1981/82
(Zahlenmaterial s. Aufgabe 10 in Abschnitt 9) .

● AUFGABE 4

Der Index der Stundenlöhne (1976=100) zwischen Männern und
Frauen entwickelte sich von 1972 bis 1982 nach dem Stat. Jahrbuch 1982 wie folgt:

Jahr	1972	1973	1974	1975	1976	1977	1978	1979	1980	1981
Männer	71,0	77,8	87,0	94,8	100	107	112,7	119,1	126,9	134,2
Frauen	68,5	76,3	86,1	94,7	100	107,2	112,9	118,6	125,8	132,7

Berechnen Sie den Korrelationskoeffizienten r zwischen den
Stundenlöhnen der Frauen und Männer.

● AUFGABE 5

Es sei ρ der Korrelationskoeffizient einer zweidimensionalen
normalverteilten Grundgesamtheit und r der (empirische) Korrelationskoeffizient einer Stichprobe vom Umfang a) n=30, b) n=500. Wie groß muß
$|r|$ jeweils mindestens sein, damit die Nullhypothese
H_0: $\rho=0$ mit einer Irrtumswahrscheinlichkeit $\alpha=0,05$ abgelehnt
werden kann?

● AUFGABE 6

Aus unabhängigen Stichproben vom Umfang $n_1=53$ bzw. $n_2=103$
wurden die Korrelationskoeffizienten $r_1=0,81$ und $r_2=0,76$ berechnet. Testen Sie hiermit die Hypothese H_0: Die Korrelationskoeffizienten ρ_1 und ρ_2 der beiden normalverteilten Grundgesamtheiten sind gleich mit $\alpha=0,05$.

● AUFGABE 7

X und Y seien zwei beliebige Zufallsvariable mit $E(X) = E(Y)$
und $E(X^2) = E(Y^2)$.

a) Zeigen Sie, daß dann die beiden Zufallsvariablen X+Y und
   X-Y unkorreliert sind.
b) Benutzen Sie diese Eigenschaft zur Konstruktion zweier
   diskreter Zufallsvariabler, die unkorreliert, jedoch nicht
   unabhängig sind.

11. Regressionsanalyse

● AUFGABE 1

10 Schüler erreichten bei einem Rechtschreibtest (x_i) und einem Lesetest (y_i) folgende Punkte

Schüler	x_i	y_i
1	2	3
2	4	4
3	7	9
4	9	12
5	10	12
6	12	14
7	13	16
8	15	17
9	16	18
10	19	20

1) Zeichnen Sie die zugehörige "Punktwolke".

2) Berechnen Sie den Korrelationskoeffizienten r.

3) Bestimmen Sie die Regressionsgerade sowie die Summe der vertikalen Abstandsquadrate der Punkte von dieser Geraden.

4) Zeichnen Sie die Regressionsgerade.

● AUFGABE 2

Bestimmen Sie den Korrelationskoeffizienten r der folgenden Stichprobe sowie die Gleichung der Regressionsgeraden.

x_i	0,5	1	1,5	2	3	4	5
y_i	1,65	2,4	3,15	3,9	5,4	6,9	8,4

● AUFGABE 3

Bei der Untersuchung des Fettgehalts Y [in %] der Milch in Abhängigkeit des Rohfaseranteils X im Futter [%] bei einer bestimmten Kuh wurden folgende Werte gemessen

x_i^*	y_{ik}
12	3,3; 3,4; 3,0; 2,9; 3,1
14	3,5; 3,8; 3,3; 3,5; 3,4
16	3,5; 3,7; 3,4; 3,6; 3,7
18	3,7; 4,1; 3,7; 3,6; 4,0
20	4,1; 3,9; 4,2; 3,9; 4,0

1) Bestimmen Sie die Gleichung der Regressionsgeraden von y bezüglich x.

2) Testen Sie mit $\alpha=0,05$, ob die Regressionskurve der Grundgesamtheit eine Gerade ist.

● AUFGABE 4

In der vorhergehenden Aufgabe seien die Voraussetzungen des
linearen Regressionsmodells erfüllt. Bestimmen Sie zur Konfidenzzahl $\gamma=0{,}95$ Konfidenzintervalle für den Achsenabschnitt
und die Steigung der Regressionsgeraden der Grundgesamtheit.

● AUFGABE 5

Bei der Untersuchung des Fettgehalts der Milch in Abhängigkeit
des Rohfaseranteils ergaben sich bei einer zweiten Kuh bei 40
Messungen folgende Ergebnisse:
$s_{x'} = 2{,}95$;   Regressionsgerade $\tilde{y} = 0{,}095x + 2{,}252$;
Summe der vertikalen Abstandsquadrate $d'^2 = 1{,}150$.
Testen Sie mit $\alpha=0{,}05$ die Hypothesen, daß die Parameter der Re-
gressionsgeraden dieser Grundgesamtheit von denen aus Aufgabe
3 nicht verschieden sind. Interpretieren Sie die Ergebnisse!

● AUFGABE 6

Bei 100 Männern verschiedener Altersstufen wurde der systoli-
sche Blutdruck gemessen. Dabei ergaben sich folgende Werte

Alter [Jahre]	Blutdruck [mm Hg]									
20	110,5	110,7	106,5	111	112,1	111,4	118	116,8	112,5	117,1
25	119,3	119,2	112,9	117,2	109,1	119,9	111,0	120,6	109,2	118,6
30	116,3	108,1	118,3	116,4	119,1	115,4	122,2	120,9	123	122,9
35	121,3	118	119,8	126,3	126,5	128,8	118,7	116,1	121,9	121,6
40	133,6	131,7	128,6	122,5	127,1	119,6	127,9	129,8	134,3	126,7
45	133,2	133	127,3	132	134,5	135,1	121,3	135,7	131,2	120,6
50	139,1	137,0	129,1	132,5	134,4	136,2	134,7	128,4	137,2	133,5
55	131	135,1	137,5	138,9	149,4	141,3	140,1	141,7	136,6	136,3
60	141	141,1	146,4	146,5	146,3	148,9	139	143,9	146,3	139,1
65	147,3	154,5	147,3	143	153,6	151,2	140,2	147,7	143,2	149,3

1) Berechnen Sie den Korrelationskoeffizienten r.

2) Bestimmen Sie die Gleichung der Regressionsgeraden dieser
   Stichprobe.

3) Testen Sie mit $\alpha=0{,}05$ die Hypothese
   H_0: In der Grundgesamtheit liegt lineare Regression vor.

4) Bestimmen Sie unter der Annahme, daß in der Grundgesamtheit
   lineare Regression vorliegt, zur Konfidenzzahl $\gamma=0{,}95$ Konfidenzintervalle für den Achsenabschnitt und die Steigung
   der (theoretischen) Regressionsgeraden.

5) Bestimmen Sie zu $\gamma=0,95$ ein Konfidenzintervall für den
mittleren Blutdruck bei einem Alter von 45 Jahren.

● AUFGABE 7

In Süd-Dakato wurde 1942 bei verschiedenen nach der Größe ausgewählten landwirtschaftlichen Betrieben der Anteil der Getrei-
defläche an der Gesamtbetriebsfläche untersucht (vgl. G.W. Sne-
decor and W.G. Cochran: Statistical Methods, S. 168).

Betriebs-größe [acres] x_i^*	$\dfrac{\text{Getreidefläche}}{\text{Betriebsgröße}} \times 100\,[\text{in } \%]$ y_{ik}					Gruppen-mittel $\bar{y}_{i\cdot}$	Varianzen innerhalb der Grup-pen s_i^2
80	31,2	12,5	25,0	40,0	25,0	26,74	101,138
160	37,5	21,9	12,5	28,1	25,0	25,00	82,93
240	27,1	33,3	27,1	35,4	12,5	27,08	80,122
320	21,9	34,4	9,4	17,2	18,8	20,34	83,008
400	18,8	8,8	35,0	22,5	27,5	22,52	95,657

Hilfsgrößen: $\bar{x}=240$; $s_x=115,47$; $\bar{y}=24,336$; $s_y=8,983$; $s_{xy}=-218,33$.

1) Bestimmen Sie die Gleichung der Regressionsgeraden.

2) Testen Sie auf lineare Regression mit $\alpha=0,05$.

● AUFGABE 8

Eine zweidimensionale Stichprobe (x_i,y_i); $i=1,2,\ldots,n$ soll
durch ein Regressionspolynom p-ten Grades approximiert werden,
also durch das Polynom

$$y = b_0 + b_1 x + b_2 x^2 + \ldots + b_p x^p \quad , \quad p \geq 1 \ .$$

1) Stellen Sie für die unbekannten Koeffizienten ein lineares
   Gleichungssystem auf.

2) Wie lautet das Gleichungssystem falls das Regressionspolynom durch den Koordinatenursprung $(x=0, y=0)$ gehen muß?

● AUFGABE 9

Bei der Untersuchung der Milchmenge y [kg] in Abhängigkeit vom
Fettgehalt [%] bei einer Kuh ergaben sich folgende Meßwerte

x_i	3,1	3,2	3,4	3,5	3,5	3,6	3,6	3,7	3,8	3,9
y_i	24,5	22,4	21,8	23	18,9	20,9	19,4	18,9	19,1	17,5

1) Bestimmen Sie die Gleichung der Regressionsgeraden sowie die
   Summe der vertikalen Abstandsquadrate.
2) Falls die Fettmenge der Milch immer etwa konstant wäre
   $(x \cdot y = c)$, müßte eine Regressionsbeziehung $y = \frac{c}{x}$ bestehen. Bestimmen Sie aus der Stichprobe den Parameter c und die Sum-
   me der vertikalen Abstandsquadrate.
   Wird durch die Regressionsgerade oder durch die Regressions-
   hyperbel $y = \frac{c}{x}$ die Stichprobe besser beschrieben?

● AUFGABE 10

Bei der Messung des reinen Bremsweges s [in m] (ohne Reaktions-
weg) eines bestimmten PKW-Typs in Abhängigkeit von der Ge-
schwindigkeit v [km/h] erhielt man folgende Meßwerte:

v_i	10	20	40	50	60	70	80	100	120
s_i	1	3	8	13	18	23	31	47	63

a) Berechnen Sie den Koeffizienten c der empirischen Regressionsparabel $s = c \cdot v^2$.
b) Geben Sie einen Schätzwert für den Bremsweg bei einer Ge-
   schwindigkeit von 75 km/h an.

● AUFGABE 11

Für den gesamten Anhalteweg s (m) in Abhängigkeit von der Ge-
schwindigkeit v (km/h) eines bestimmten PKW's ergaben sich
folgende Meßwerte:

v_i	20	30	50	60	70	80	100	120	150
s_i	9	12	24	36	41	57	72	104	148

a) Bestimmen Sie die Gleichung der empirischen Regressionsparabel, die durch den Koordinatenursprung geht.
b) Bestimmen Sie die Gleichung der Regressionsgeraden von $\frac{s}{v}$
   bezüglich v, d.h. $\frac{s}{v} = b_0 + b_1 v$.

● AUFGABE 12

Das Bruttosozialprodukt y in Mrd DM in Abhängigkeit vom Jahr x
betrug für die Bundesrepublik Deutschland nach dem Stat. Jahrbuch 1982

x (Jahr)	1970	1975	1976	1977	1978	1979	1980
y	678,8	751,8	790,6	814,6	840,8	878,3	895,1

Legen Sie durch diese Punkte als Regressionskurven

a) eine Parabel,

b) eine Gerade

und vergleichen Sie die Summe der vertikalen Abstandsquadrate.

● AUFGABE 13

Der Index für den Energieverbrauch in der Bundesrepublik
Deutschland entwickelte sich in den vergangenen Jahren folgen-
dermaßen

Jahr x_i	1976	1977	1978	1979	1980	1981
Index y_i	100	102,2	104,5	114,8	130,6	154,7

(Quelle: Stat. Jahrbuch 1982).

a) Bestimmen Sie die Gleichung der Regressionsparabel.

b) Schätzen Sie daraus den Energieverbrauch für 1982 und 1983.

● AUFGABE 14

Nach dem Statistischen Jahrbuch 1982 entwickelte sich der Index
(1976=100) der Erzeugerpreise des verarbeitenden Gewerbes fol-
gendermaßen

Jahr	1975	1976	1977	1978	1979	1980	1981
Index	96,8	100	102,8	103,6	108,9	116,6	123,9

Bestimmen Sie die Gleichung der Regressionsparabel.

● AUFGABE 15

Zum Test auf lineare Regression werden für 10 Werte des unabhängigen Merkmals x jeweils 20 zufällige Werte der abhängigen
Zufallsvariablen Y(x) bestimmt. Wie groß muß das Verhältnis
q_1/q_2 der Summe der vertikalen Abstandsquadrate der Gruppenmittel von der empirischen Regressionsgeraden zur Summe der
vertikalen Abweichungsquadrate innerhalb der Gruppen mindestens
sein, damit die Hypothese der Linearität der Grundgesamtheit
mit einer Irrtumswahrscheinlichkeit von 0,05 abgelehnt werden
kann?

12. Verteilungsfreie Verfahren

● AUFGABE 1

Bei 10 Blutproben wurde der Alkoholgehalt [in ‰] durch zwei verschiedene Verfahren bestimmt. Dabei ergaben sich folgende Werte

Verfahren 1	0,78	0,83	0,94	1,02	1,20	0,40	0,69	0,85	0,79	0,55
Verfahren 2	0,79	0,85	0,95	0,99	1,25	0,39	0,71	0,87	0,80	0,51

Testen Sie mit $\alpha=0,05$ die Nullhypothese H_0: Die Abweichungen
der durch die beiden Verfahren gewonnenen Meßwerte sind rein
zufällig.

● AUFGABE 2

52 Kartoffeln wurden halbiert und jeweils bei beiden Hälften
mit Hilfe zweier verschiedener Verfahren der Stärkegehalt gemessen. Viermal wurde mit beiden Verfahren der gleiche Wert
gemessen. 33-mal ergab das Verfahren 2 einen größeren Meßwert
als das Verfahren 1.
Testen Sie mit $\alpha=0,05$ die Nullhypothese H_0: Die Abweichungen
sind rein zufällig.

● AUFGABE 3

Bei 200 Personen wurden die Reaktionszeiten auf zwei verschiedene Reizsignale gemessen. Dabei waren bei 120 Personen die
Reaktionszeiten auf das 2. Signal größer, bei 80 Personen dagegen kleiner als die auf das erste Signal.
Testen Sie mit $\alpha=0,01$ die Nullhypothese H_0: Die Abweichungen
sind rein zufällig.

● AUFGABE 4

Ein Unternehmen weiß aus Erfahrung, daß es nur dann sinnvoll
ist, für ein bestimmtes Produkt Werbung zu machen, wenn der
Median des monatlichen Haushaltseinkommens in der entsprechenden Region über DM 2 500 liegt. Eine Umfrage bei 40 zufällig
ausgewählten Haushalten ergab, daß 12 Haushalten weniger als

DM 2 500 und den restlichen mehr als DM 2 500 monatlich zur
Verfügung stehen. Ist es sinnvoll, aufgrund dieses Ergebnisses
die Werbung durchzuführen?

● AUFGABE 5

In der vorhergehenden Aufgabe werden 100 Haushalte für die
Umfrage zufällig ausgewählt. Wieviele dieser Haushalte müssen
ein Einkommen von über DM 2 500 haben, damit die Entscheidung
für $\tilde{\mu}>2\ 500$ getroffen werden kann mit $\alpha=0,05$?

● AUFGABE 6

In einer Großstadt wurden die Preise in DM für einen bestimmten
Artikel in 20 Geschäften festgestellt als 139; 140; 141; 144;
145; 149; 151; 153; 154; 156; 158; 159; 160; 161; 163; 164;
165; 166; 169; 170.
Bestimmen Sie hieraus das Konfidenzintervall für den Median
$\tilde{\mu}$ zu $\gamma=0,95$.

● AUFGABE 7

Untersucht wurden die Reaktionszeiten von Menschen auf ein
akustisches und ein optisches Signal. Dabei ergaben sich folgende Werte (Einheit $\frac{1}{100}$ sec)

akustisch	35	49	39	46	33	50		
optisch	55	52	48	40	51	47	41	34

Testen Sie mit $\alpha=0,05$ <u>ohne</u> die Voraussetzung der Normalverteilung die Nullhypothese H_o: Die Zufallsvariablen der beiden
Reaktionszeiten besitzen die gleiche Verteilung.

Lösungen der Aufgaben

1. Beschreibende Statistik

● AUFGABE 1

$n=100$; a) $\bar{x}=5,11$; b) $\tilde{x}=5$; c) $s=2,344$; d) $d_{\bar{x}}=1,8876$; e) $d_{\tilde{x}}=1,87$.

● AUFGABE 2

Transformation $\quad y = \dfrac{x-100}{250}$.

Transformierte Stichprobe:

y_k^*	0	1	2	3	4	5	6	7	8	9
h_k	1	3	5	6	8	10	7	5	3	2

$n=50$; $\quad \sum h_k y_k^* = 232$; $\quad \bar{y}=4,64$; $\quad \sum h_k y_k^{*2} = 1306$;

$s_y^2 = \dfrac{1}{49}[1306-50\cdot4,64^2] = 4,684$;

$\bar{x} = 100+250\cdot\bar{y} = 1260$; $\quad s_x^2 = 250^2\cdot4,684$; $\quad s_x = 541,068$; $\quad \tilde{x} = 1350$.

● AUFGABE 3

a) $\bar{x}=201$; $\tilde{x}=199$ (Stichprobe ordnen!); b) $\bar{x}=194,50$; $\tilde{x}=197$.

● AUFGABE 4

$\bar{x} = \dfrac{30\cdot15,8 + 16,5 + 18,3}{32} = 15,9$;

$29\cdot s_y^2 = \displaystyle\sum_{i=1}^{30} y_i^2 - 30\cdot15,8^2 \quad\Rightarrow\quad \displaystyle\sum_{i=1}^{30} y_i^2 = 7844,45$;

$s_x^2 = \dfrac{1}{31} [\displaystyle\sum_{i=1}^{32} x_i^2 - 32\bar{x}^2] = \dfrac{1}{31}\cdot[7\,844,45 + 16,5^2 + 18,3^2 - 32\cdot15,9^2]$
$$= 11,667;$$

$s_x = 3,416$.

● AUFGABE 5

$\bar{x} = 0,5 = \dfrac{0\cdot h_1 + 1\cdot h_2}{h_1 + h_2} \quad\Rightarrow\quad h_2 = 0,5h_1 + 0,5h_2 \quad\Rightarrow\quad h_1 = h_2$.

Wegen $h_1 = h_2$ gilt

$$s_x^2 = \frac{h_1 \cdot 0,5^2 + h_1 \cdot 0,5^2}{2h_1 - 1} = \frac{0,5h_1}{2h_1 - 1} = \frac{1}{3} \quad ;$$

$$\frac{1}{2}h_1 = \frac{2}{3}h_1 - \frac{1}{3} \quad ; \quad \frac{1}{6}h_1 = \frac{1}{3} \quad ; \quad \underline{\underline{h_1 = h_2 = 2}} \ .$$

● AUFGABE 6

$n=3200$; a) $S = \sum\limits_{i=1}^{8} n_i \bar{y}_i = 8\ 733\ 445$ DM; b) $\bar{x} = \frac{S}{n} = 2\ 729,20$ DM.

● AUFGABE 7

a)

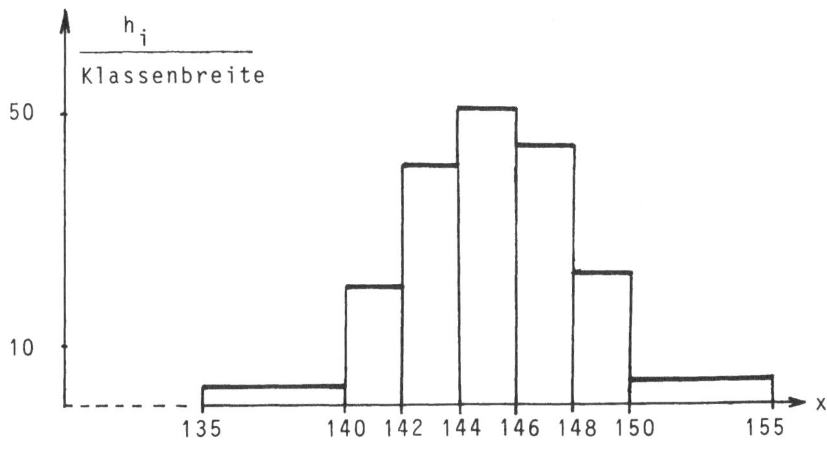

b) $n=400$; $\quad 144,04 < \bar{x} \leq 146,34 \quad ; \qquad \bar{x} \approx 145,19$ (Intervall-mitte).

   linke Klas-   rechte Klas-
   sengrenzen   sengrenzen

● AUFGABE 8
  a)

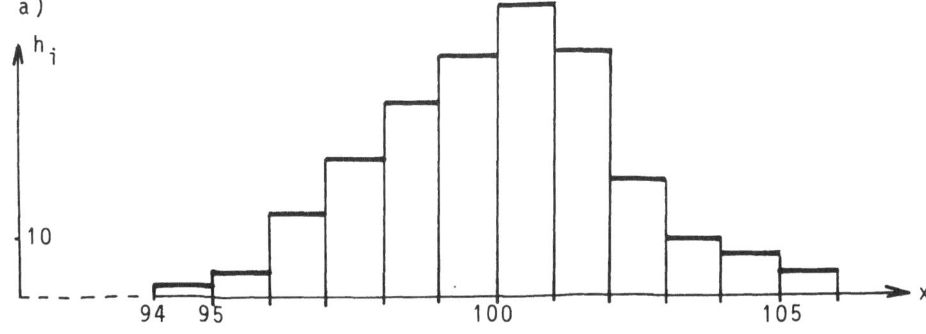

b) Stichprobe mit den Klassenmitten.

Die Transformation $y = x - 94,5$ ergibt die Stichprobe

y_k^*	0	1	2	3	4	5	6	7	8	9	10	11
h_k	2	4	15	23	33	41	49	42	20	10	7	4

$\bar{y} = 5,568$; $s_y = 2,17$;

Aus $x = y + 94,5$ folgt $\bar{x} \approx 100$; $s_x \approx 2,17$; $\tilde{x} \approx 100,5$.

c) Da die Klassenbreiten konstant sind, gilt

$99,5 \leq \bar{x} \leq 100,5$.

Der Median $\tilde{x}$ liegt im Intervall $(100;101]$, d.h. $100 < \tilde{x} \leq 101$.

● AUFGABE 9

<u>1. Männer</u>   a)

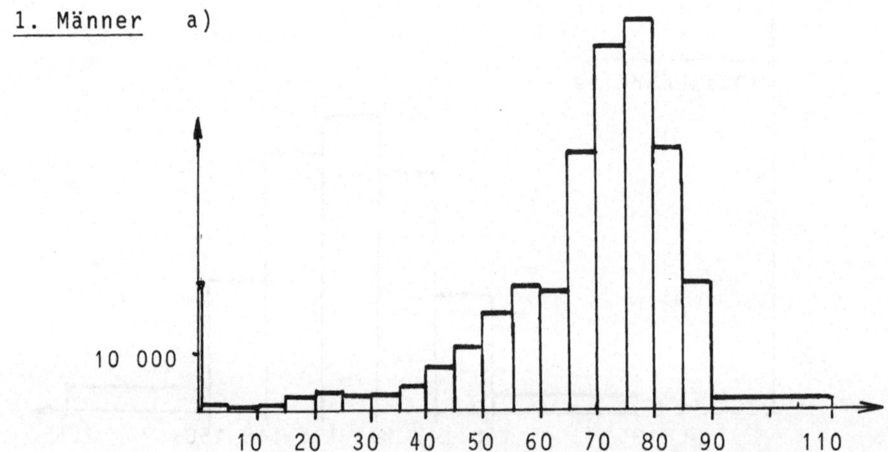

<u>2. Frauen</u>   a)

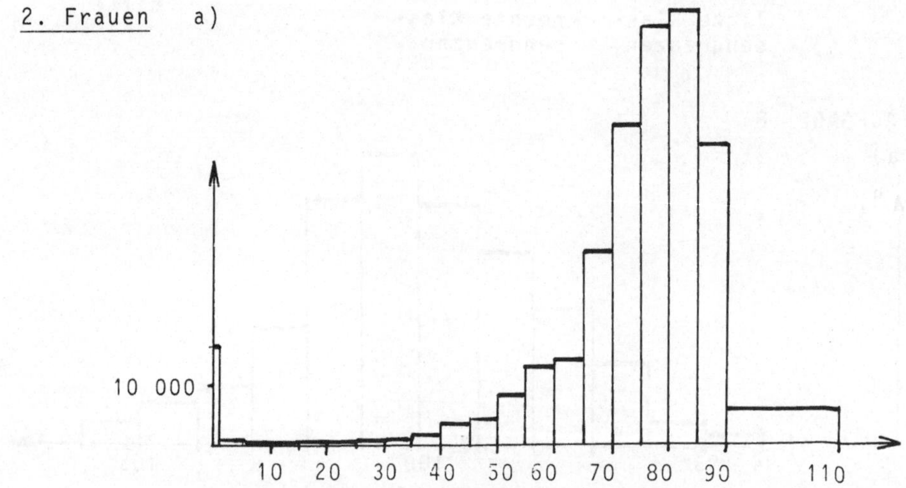

1. __Männer__ b) $\bar{x} \approx 68,29$; $s_x \approx 17,46$. c) $\Delta\bar{x} = -\dfrac{9967 \cdot 2,5}{348015} = -0,07$.

2. __Frauen__ b) $\bar{y} \approx 74,78$; $s_y \approx 15,19$. c) $\Delta\bar{y} = -\dfrac{24237 \cdot 2,5}{366102} = -0,17$.

● AUFGABE 10

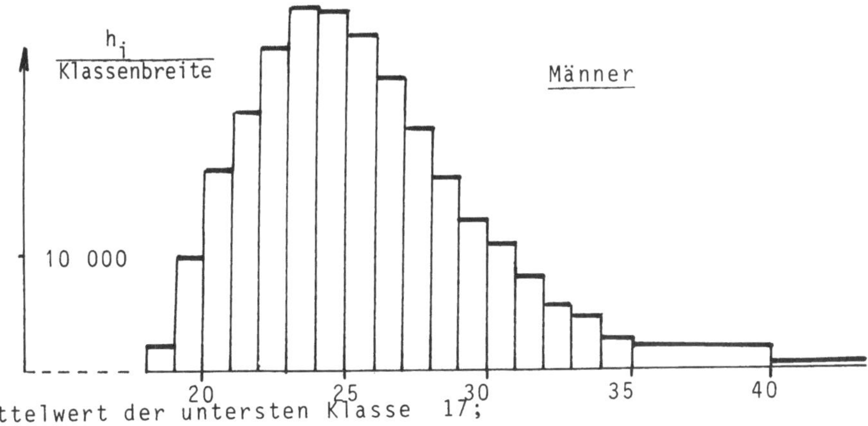

Mittelwert der untersten Klasse 17;
Mittelwert der obersten Klasse 75; $\bar{x} \approx 26,14$; $s_x \approx 5,16$.

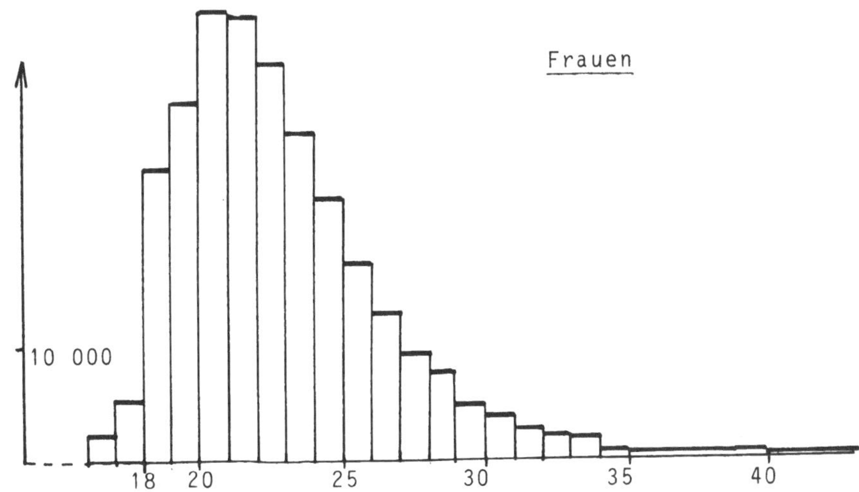

Mittelwert der untersten Klasse 15;
Mittelwert der obersten Klasse 75; $\bar{y} \approx 23,38$; $s_y \approx 5,24$.

● AUFGABE 11

x_j^*	rel. Häufigkeiten	rel. Summenhäufigkeiten $F(x_j^*)$
1	0,2	0,2
2	0,1	0,3
3	0,2	0,5
4	0,2	0,7
5	0,2	0,9
6	0,1	1,0

$\tilde{x} = 3,5$

● AUFGABE 12

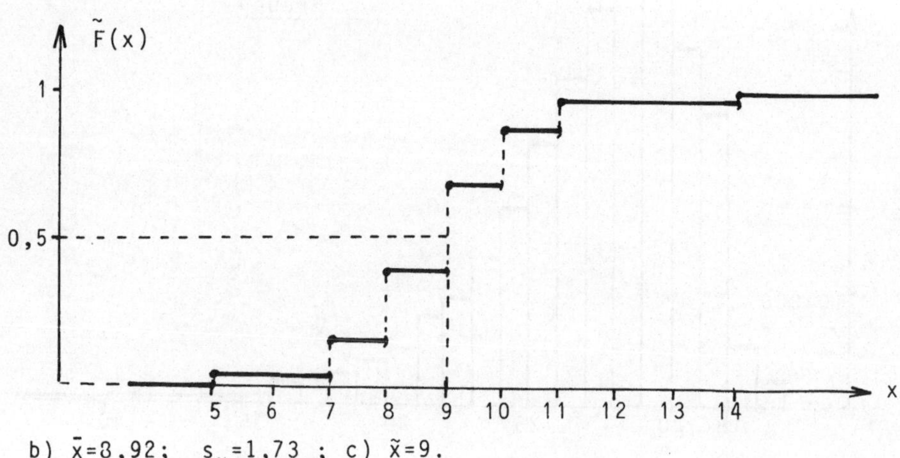

b) $\bar{x}=8,92$; $s_x=1,73$;   c) $\tilde{x}=9$.

● AUFGABE 13

Sprunghöhen = relative Häufigkeiten $r(x_k^*)$.
Zur Berechnung der absoluten Häufigkeiten $h(x_k^*) = n \cdot r(x_k^*)$ muß
der Stichprobenumfang bekannt sein.

● AUFGABE 14

$$f(c) = \sum_{i=1}^{n} (x_i - c)^2 \;;\quad f'(c) = -2 \sum_{i=1}^{n} (x_i - c) = 0;$$

$$\sum_{i=1}^{n} x_i = nc \;\Rightarrow\; c = \frac{1}{n} \sum_{i=1}^{n} x_i = \bar{x};\; f''(c) = 2n > 0 \;\Rightarrow\; \text{Minimum.}$$

2. Zufallsstichproben

● AUFGABE 1

Die Bevölkerungsschicht ohne Telefon ist nicht vertreten. Es
handelt sich nur um eine Repräsentativauswahl aus der Bevölke-
rungsgruppe, die ein Telefon hat.

● AUFGABE 2

Falls in allen Klassen gleich viel Schüler sind, wird jeder
Schüler mit der gleichen Wahrscheinlichkeit ausgelost. Sonst
haben die Schüler aus den Klassen mit der kleinsten Klassen-
stärke die größte Chance (Wahrscheinlichkeit) ausgelost zu
werden.

● AUFGABE 3

Der Frauenüberschuß ist im wesentlichen auf folgende Gründe
zurückzuführen:
1.) Kürzere Lebenserwartung der Männer,
2.) die in den beiden Weltkriegen gefallenen Männer.
Bis zum Jahrgang 1926 besteht Frauenüberschuß, ab Jahrgang
1927 Männerüberschuß.

● AUFGABE 4

Die Kritik könnte im Wesentlichen von den Wählern der anderen
Koalitionspartei stammen. Für eine solche Aussage müßte die Befragung anders lauten (Befragung über das Wahlverhalten).

● AUFGABE 5

Für die 6 Platzzahlen gibt es $\binom{1000}{6}$ mögliche Fälle. Bei einer
chancengleichen Auswahl besitzen alle diese Möglichkeiten die
gleiche Wahrscheinlichkeit, so daß der Einwand nicht gerecht-
fertigt ist. Die Platzzahlen 102, 205, 308, 610, 780, 890 haben
z.B. die gleiche Wahrscheinlichkeit. Falls diese gezogen wären,
hätten die Bewerber vermutliche keinen Einwand vorgebracht.

3. Parameterschätzung

● AUFGABE 1

Die Zufallsvariable R_n, welche die relative Häufigkeit des
Ereignisses A im Bernoulli-Experiment vom Umfang n beschreibt,
besitzt die Varianz $D^2(R_n) = \dfrac{p(1-p)}{n}$.

Wegen der Tschebyscheffschen Ungleichung gilt

$$P(|R_n - p| > 0,01) \leq \frac{p\cdot(1-p)}{n\cdot(0,01)^2} \leq 0,05.$$

a) $\max\limits_{0\leq p\leq 1} p(1-p) = \dfrac{1}{4}$ ⇒ $\dfrac{1}{4\cdot n\cdot 0,0001} \leq 0,05$ ⇒ $n\geq 50\ 000$.

b) $\max\limits_{0,1\leq p\leq 0,25} p(1-p) = 0,25\cdot 0,75$ ⇒ $\dfrac{0,25\cdot 0,75}{n\cdot 0,0001} \leq 0,05$ ⇒ $n\geq 37\ 500$.

Interpretation: Im Mittel wird bei mindestens 95% der Serien
die relative Häufigkeit r_n von der unbekannten Wahrscheinlichkeit p um höchstens 0,01 abweichen.

● AUFGABE 2

Aus

$$T = \frac{1}{n} \sum_{i=1}^{n} (X_i - \mu_0)^2 = \frac{1}{n}[\sum_{i=1}^{n} X_i^2 - 2\mu_0 \sum_{i=1}^{n} X_i + n\mu_0^2]$$

folgt wegen der Linearität des Erwartungswertes

$$E(T) = \frac{1}{n}[nE(X^2) - 2\mu_0 \cdot n \cdot \mu_0 + n\mu_0^2] = E(X^2) - \mu_0^2 = D^2(X) = \sigma^2 \ .$$

● AUFGABE 3

Anzahl der Streikwilligen im Werk i sei M_i, i=1,2.

$$E(\bar{X}_1) = p_1 = \frac{M_1}{1450} \ ; \qquad E(\bar{X}_2) = p_2 = \frac{M_2}{2550} \ ;$$

a) $$E(c_1\bar{X}_1 + c_2\bar{X}_2) = c_1 \cdot \frac{M_1}{1450} + c_2 \cdot \frac{M_2}{2550} = \frac{M_1 + M_2}{4000} \ ;$$

$$\Rightarrow M_1 \cdot \left(\frac{c_1}{1450} - \frac{1}{4000}\right) + M_2 \cdot \left(\frac{c_2}{2550} - \frac{1}{4000}\right) = 0 \ ;$$

$$M_1, M_2 \text{ beliebig} \Rightarrow c_1 = \frac{1450}{4000} \ ; \quad c_2 = \frac{2550}{4000} \ .$$

b) $$\hat{p} = \frac{1450}{4000} \cdot 0{,}28 + \frac{2550}{4000} \cdot 0{,}51 = 0{,}4266 \ .$$

c) $$\frac{1}{2}[E(\bar{X}_1) + E(\bar{X}_2)] = \frac{1}{2}[\frac{M_1}{1450} + \frac{M_2}{2550}] = \frac{M_1 + M_2}{4000}$$

$$\Leftrightarrow \frac{2000}{1450} M_1 + \frac{2000}{2550} M_2 = M_1 + M_2 \ ;$$

$$- \frac{550}{1450} M_1 + \frac{550}{2550} M_2 = 0 \ ;$$

$$\frac{M_1}{M_2} = \frac{1450}{2550} \ .$$

● AUFGABE 4

$$D^2(\bar{X}-\bar{Y}) = D^2(\bar{X}+(-1)\bar{Y}) = D^2(\bar{X}) + (-1)^2 D^2(\bar{Y}) = \frac{\sigma_1^2}{n_1} + \frac{\sigma_2^2}{n_2} \ .$$

$$\frac{\sigma_1^2}{n_1} + \frac{\sigma_2^2}{n_2} = \text{min.} \ ; \quad \text{Nebenbedingung } n_1 + n_2 = n.$$

Lagrange-Funktion $$F(n_1, n_2, \lambda) = \frac{\sigma_1^2}{n_1} + \frac{\sigma_2^2}{n_2} + \lambda(n_1 + n_2 - n) \ ;$$

$$\frac{\partial F}{\partial n_1} = -\frac{\sigma_1^2}{n_1^2} + \lambda = 0 \left.\begin{array}{c} \\ \\ \\ \end{array}\right\} \quad \Rightarrow \quad \frac{\sigma_1}{n_1} = \frac{\sigma_2}{n_2} \; ;$$

$$\frac{\partial F}{\partial n_2} = -\frac{\sigma_2^2}{n_2^2} + \lambda = 0$$

$$n_1 = \frac{\sigma_1}{\sigma_2}\cdot n_2 \; ; \quad n_1 + n_2 = n \quad \Rightarrow \quad n_2(1+\frac{\sigma_1}{\sigma_2}) = n \; .$$

$$n_2 = \frac{\sigma_2}{\sigma_1+\sigma_2}\cdot n \; ;$$

Da diese Lösungen i.A. nicht ganzzahlig sind, müssen Werte in der Nähe der Lösung

$$n_1 = \frac{\sigma_1}{\sigma_1+\sigma_2}\cdot n \; ;$$

benutzt werden.

$$\sigma_2 = 2\sigma_1 \; ; \quad n_1 = \frac{\sigma_1}{\sigma_1+2\sigma_1}\cdot n = \frac{1}{3}\cdot n = 100; \quad n_2 = n - n_1 = 200 \; .$$

● AUFGABE 5

a) $\mu = E(T) = \displaystyle\sum_{i=1}^{n} \alpha_i \mu \quad \Rightarrow \quad \sum_{i=1}^{n} \alpha_i = 1 \; .$

b) $D^2(T) = \displaystyle\sum_{i=1}^{n} \alpha_i^2 \sigma^2 \; ;$

$$\sum_{i=1}^{n} \alpha_i^2 = \text{min.} \quad \text{unter der Nebenbedingung} \quad \sum_{i=1}^{n} \alpha_i = 1.$$

Lagrange-Funktion

$$F(\alpha_1,\ldots,\alpha_n) = \sum_{i=1}^{n} \alpha_i^2 + \lambda(\sum_{i=1}^{n} \alpha_i - 1) \; ;$$

$$\frac{\partial F}{\partial \alpha_k} = 2\alpha_k + \lambda = 0 \; , \quad k=1,2,\ldots,n \; .$$

$\Rightarrow$ alle α_k müssen gleich sein;

$\Rightarrow \quad \alpha_k = \frac{1}{n}$ für alle k.

● AUFGABE 6

$$P(X=k) = p(1-p)^{k-1} \; , \quad k=1,2,\ldots.$$

Likelihood-Funktion $\quad L = \displaystyle\prod_{i=1}^{n} p(1-p)^{k_i-1} = p^n \prod_{i=1}^{n} (1-p)^{k_i-1} \; ;$

$$\ln L = n\cdot\ln p + \sum_{i=1}^{n} (k_i-1)\ln(1-p) \; ;$$

$$\frac{d\ln L}{dp} = \frac{n}{p} - \sum_{i=1}^{n}(k_i - 1)\frac{1}{1-p} = 0 \quad \Big| \cdot p(1-p)$$

$$n(1-p) - p\sum_{i=1}^{n}k_i + np = 0 \; .$$

Lösung: $\quad \hat{p} = \dfrac{n}{\sum\limits_{i=1}^{n}k_i}$.

● AUFGABE 7

Likelihood-Funktion $\quad L = \dfrac{1}{c^{2n}}\, x_1 \cdot x_2 \cdot \ldots \cdot x_n$.

Wegen $0 \leq x_i \leq c\sqrt{2}$, d.h. $c \geq \dfrac{x_i}{\sqrt{2}}$ für alle i besitzt L das Maximum an der Stelle $\hat{c} = \dfrac{1}{\sqrt{2}} \cdot x_{max}$, wobei x_{max} der maximale Stichprobenwert ist.

● AUFGABE 8

Stichprobe $(x_1, x_2, \ldots, x_n)$.

Likelihood-Funktion $\quad L = \dfrac{1}{(b-a)^n}$ mit $a \leq x_i \leq b$ für alle i .

a) L wird maximal für

$$\hat{a} = x_{min} \quad \text{(minimaler Stichprobenwert) ;}$$
$$\hat{b} = x_{max} \quad \text{(maximaler Stichprobenwert) .}$$

b) $F(x) = \dfrac{x-a}{b-a}$, $\quad a \leq x \leq b$.

Aus $P(X_{max} \leq x) = P(X_1 \leq x, X_2 \leq x, \ldots, X_n \leq x) = [P(X_1 \leq x)]^n$;

$$P(X_{min} > x) = P(X_1 > x, X_2 > x, \ldots, X_n > x) = [P(X_1 > x)]^n$$
$$= [1 - (1 - P(X_1 \leq x))]^n$$

folgt $\quad P(X_{max} \leq x) = \left(\dfrac{x-a}{b-a}\right)^n \quad$ für $\quad a \leq x \leq b$;

$$P(X_{min} \leq x) = 1 - \left(1 - \frac{x-a}{b-a}\right)^n = 1 - \left(\frac{b-x}{b-a}\right)^n, \quad a \leq x \leq b \; .$$

Hieraus folgt für jedes $\varepsilon > 0$

$$P(X_{min} > a+\varepsilon) = \left(\frac{b-a-\varepsilon}{b-a}\right)^n \xrightarrow{\;n\to\infty\;} 0 ;$$

$$P(X_{max} < b-\varepsilon) = \left(\frac{b-a-\varepsilon}{b-a}\right)^n \xrightarrow{\;n\to\infty\;} 0 . \quad \text{(Konsistenz!)} .$$

X_{min} besitzt die Dichte $f(x) = [1 - (\frac{b-x}{b-a})^n]' = \frac{n}{b-a}(\frac{b-x}{b-a})^{n-1}$.

Mit Hilfe der Substitution $\frac{b-x}{b-a} = u$ erhält man den Erwartungs-wert

$$E(X_{min}) = \frac{n}{b-a} \cdot \int_a^b x \cdot (\frac{b-x}{b-a})^{n-1} dx = n \cdot \int_0^1 [b-u(b-a)]u^{n-1} du$$

$$= n[\frac{b}{n} - \frac{b-a}{n+1}] = a + \frac{b-a}{n+1} \xrightarrow{n\to\infty} a .$$

X_{max} besitzt die Dichte $f(x) = \frac{n}{b-a}(\frac{x-a}{b-a})^{n-1}$;

Mit der Substitution $\frac{x-a}{b-a} = u$ erhält man

$$E(X_{max}) = \frac{n}{b-a} \cdot \int_a^b x(\frac{x-a}{b-a})^{n-1} dx = n \cdot \int_0^1 [a + (b-a)u]u^{n-1} du$$

$$= n[\frac{a}{n} + \frac{b-a}{n+1}] = b - \frac{(b-a)}{n+1} \xrightarrow{n\to\infty} b .$$

Beide Schätzungen sind asymptotisch erwartungstreu.

● AUFGABE 9

$Y = X - \mu + 1/2$ ist in $[0;1]$ gleichmäßig verteilt.
Für $0 \leq y \leq 1$ gilt
$$P(Y_{max} \leq y) = P(Y_i \leq y, \ i=1,2,\ldots,n) = y^n; \quad \text{Dichte } f(y) = ny^{n-1}$$
$$\text{für } 0 \leq y \leq 1.$$

$$E(Y_{max}) = \int_0^1 ny^n dy = \frac{n}{n+1} = 1 - \frac{1}{n+1} .$$

$$E(X_{max}) = E(Y_{max}) + \mu - 1/2 = \mu + 1/2 - \frac{1}{n+1} .$$

$$P(Y_{min} \leq y) = 1 - P(Y_{min} \geq y) = 1 - P(Y_i \geq y, \ i=1,2,\ldots, n)$$
$$= 1 - (1-y)^n ; \quad \text{Dichte } g(y) = n(1-y)^{n-1} \text{ für } 0 \leq y \leq 1.$$

Die Substitution $1-y=z$ liefert
$$E(Y_{min}) = \int_0^1 yn(1-y)^{n-1} dy = \int_0^1 n(1-z)z^{n-1} dz = \int_0^1 nz^{n-1} dz - \int_0^1 nz^n dz$$

$$= z^n \Big|_0^1 - \frac{n}{n+1} \cdot z^{n+1} \Big|_0^1 = 1 - \frac{n}{n+1} = \frac{1}{n+1} .$$

$$E(X_{min}) = E(Y_{min}) + \mu - 1/2 = \mu - 1/2 + \frac{1}{n+1} .$$

$$E[\frac{1}{2}(X_{min}+X_{max})] = \frac{1}{2}[E(X_{min}) + E(X_{max})] = \mu .$$

- AUFGABE 10

a) Likelihood-Funktion

$$L = \frac{1}{(\sqrt{2\pi})^n} \cdot \frac{1}{(\sigma^2)^{n/2}}\, e^{-\frac{1}{2\sigma^2} \sum\limits_{i=1}^{n}(x_i-\mu_0)^2} \quad ;$$

$$\ln L = -n \cdot \ln\sqrt{2\pi} - \frac{n}{2}\cdot\ln \sigma^2 - \frac{1}{2\sigma^2}\cdot\sum_{i=1}^{n}(x_i-\mu_0)^2 \quad ;$$

$$\frac{\partial \ln L}{\partial \sigma^2} = -\frac{n}{2\sigma^2} + \frac{1}{2\sigma^4}\cdot\sum_{i=1}^{n}(x_i-\mu_0)^2 = 0 \quad ;$$

$$\hat\sigma^2 = \frac{1}{n}\cdot\sum_{i=1}^{n}(x_i-\mu_0)^2 \quad .$$

b) $\dfrac{X_i-\mu_0}{\sigma}$ sind $N(0;1)$-verteilt und unabhängig.

$T = \dfrac{1}{\sigma^2}\sum\limits_{i=1}^{n}(X_i-\mu_0)^2$ ist Chi-Quadrat-verteilt mit n Frei-

heitsgraden (s.[1], S. 154).

$$\gamma = P(\chi^2_{\frac{1-\gamma}{2}} \leq \frac{1}{\sigma^2}\sum_{i=1}^{n}(X_i-\mu_0)^2 \leq \chi^2_{\frac{1+\gamma}{2}})$$

$$= P\left(\frac{\sum\limits_{i=1}^{n}(X_i-\mu_0)^2}{\chi^2_{\frac{1+\gamma}{2}}} \leq \sigma^2 \leq \frac{\sum\limits_{i=1}^{n}(X_i-\mu_0)^2}{\chi^2_{\frac{1-\gamma}{2}}}\right) .$$

$$\text{Konf} \left\{ \frac{\sum\limits_{i=1}^{n}(x_i-\mu_0)^2}{\chi^2_{\frac{1+\gamma}{2}}} \leq \sigma^2 \leq \frac{\sum\limits_{i=1}^{n}(x_i-\mu_0)^2}{\chi^2_{\frac{1-\gamma}{2}}} \right\} \quad ; \text{ n Freiheitsgrade.}$$

c) $\sum\limits_{i=1}^{10}(x_i-\mu_0)^2 = \sum\limits_{i=1}^{10}(x_i-\bar{x})^2 + 10(\bar{x}-\mu_0)^2 = 9\cdot s^2 + 10\cdot 0,5^2 = 38,5.$

10 Freiheitsgrade ergibt $\chi^2_{0,975} = 20,48$; $\chi^2_{0,025} = 3,25$.

Daraus ergibt sich das Konfidenzintervall

Konf $\{1,88 \leq \sigma^2 \leq 11,85\}$.

d) σ^2 muß durch s^2 geschätzt werden. 9 Freiheitsgrade.

$(n-1)s^2 = 36.$

$[\frac{36}{19,02} ; \frac{36}{2,70}]$; Konf $\{1,89 \leq \sigma^2 \leq 13,33\}$.

Wegen den zusätzlichen Informationen über σ^2 ist die Aussage in c) präziser als die in d).

● AUFGABE 11

  a) Konfidenzintervall für μ; t-Verteilung mit 29 Freiheits-
     graden.

     Grenzen: $\bar{x} \mp \dfrac{s}{\sqrt{n}} \, t_{\frac{1+\gamma}{2}} = 10,2 \mp \dfrac{0,62}{\sqrt{30}} \cdot 2,04$;

     Konf $\{9,97 \le \mu \le 10,43\}$.

  b) Chi-Quadrat-Verteilung mit 29 Freiheitsgraden.

     Quantile $\chi^2_{\frac{1+\gamma}{2}} = 45,72$; $\chi^2_{\frac{1-\gamma}{2}} = 16,05$;

     Konfidenzintervall
     $$\left[\frac{29 \cdot 0,62^2}{45,72} ; \frac{29 \cdot 0,62^2}{16,05} \right] ; \quad \text{Konf} \ \{0,24 \le \sigma^2 \le 0,69\} .$$

● Aufgabe 12

  Modell: Konstruktion eines einseitigen Konfidenzintervalls
          für p, d.h. $p \ge 0,5$ (also $0,5 \le p \le 1$) .

  Bestimmung des minimalen Stichprobenumfangs n in der Umfrage.

  Linke Grenze: $0,5 = 1 = r_n - c \sqrt{\dfrac{r_n(1-r_n)}{n}}$ mit $\phi(c) = 0,95$; $c = 1,645$;
  $r_n = 0,515$.
  $$\left(\frac{0,515-0,5}{1,645} \right)^2 = \frac{0,515 \cdot (1-0,515)}{n} \quad \Rightarrow \quad n \ge 3004 .$$

● AUFGABE 13

  M=Anzahl der Wähler von Herrn Schlau; N=955 .

  1) Binomialverteilung
     l=Länge des Konfidenzintervalls für $p = \dfrac{M}{N}$;
     $$d = \frac{l}{2} = c \cdot \sqrt{\frac{r_n(1-r_n)}{n}} ; \quad c = z_{0,975} = 1,96;$$
     $$d \le c \cdot \sqrt{\frac{1}{4n}} \le u \quad \Rightarrow \quad n \ge \frac{1,96^2}{4u^2} ; \quad u = 0,03; \quad n \ge 1068 \ (>N).$$
     Nach dieser Approximation müßten alle 955 Wahlberechtigten
     befragt werden.

  2) Hypergeometrische Verteilung
     $$E(\bar{X}) = p; \quad D^2(\bar{X}) = \frac{p(1-p)}{n} \cdot \frac{N-n}{N-1} \le \frac{1}{4n} \cdot \frac{955-n}{954} = \sigma^2 .$$

     Für die Binomialverteilung erhält man über die Normalver-
     teilung

$$P(p-c\sigma \leq \bar{X} \leq p+c\sigma) \approx \phi(c)-\phi(-c)=0,95 \; ; \quad c=1,96.$$

$$\text{Bedingung:} \quad c\cdot\sigma=1,96\sqrt{\frac{955-n}{3816n}} \leq 0,03$$

$$955 \leq [1+3816\cdot(\frac{0,03}{1,96})^2]\cdot n \quad \Rightarrow \quad n\geq 505.$$

● AUFGABE 14

Konfidenzintervall für $100\cdot p=z$ bei großem Stichprobenumfang .

$$\text{Grenzen} \quad 100\cdot\left(r_n \mp \frac{c\sqrt{r_n(1-r_n)}}{\sqrt{n}}\right) \; ; \qquad \phi(c)=0,975; \; c=1,96;$$

$r_n=0,65; \; c\cdot\sqrt{r_n(1-r_n)} = 0,9349;$

a) n = 1 000 $\Rightarrow$ $62,04 \leq z \leq 67,96$;
b) n = 10 000 $\Rightarrow$ $64,07 \leq z \leq 65,93$;
c) n = 100 000 $\Rightarrow$ $64,70 \leq z \leq 65,30$;
d) n = 1 000 000 $\Rightarrow$ $64,91 \leq z \leq 65,09$.

● AUFGABE 15

$\bar{x}=40,9; \quad s=3,1; \; n=10$.

a) t-Verteilung mit 9 Freiheitsgraden.

$$\text{Grenzen} \quad \bar{x} \mp \frac{s}{\sqrt{n}} \, t_{\frac{1+\gamma}{2}} = 40,9 \mp \frac{3,1}{\sqrt{10}} \cdot 2,26 \; ;$$

Konf $\{38,7 \leq \mu \leq 43,1\}$.

b) Chi-Quadrat-Verteilung mit 9 Freiheitsgraden.

$$\left[\frac{9\cdot s^2}{\chi^2_{\frac{1+\gamma}{2}}} \; ; \; \frac{9\cdot s^2}{\chi^2_{\frac{1-\gamma}{2}}}\right] = \left[\frac{86,49}{19,02} \; ; \; \frac{86,49}{2,7}\right] \; ;$$

Konf $\{4,55 \leq \sigma^2 \leq 32,03\}$.

● AUFGABE 16

$$\text{a)} \quad 1 = \frac{2\sigma_0}{\sqrt{n}}\cdot z_{\frac{1+\gamma}{2}} = \frac{30}{\sqrt{n}}\cdot 1,96 \leq 2 \; ; \quad \sqrt{n} \geq \frac{30\cdot 1,96}{2} \quad \Rightarrow \quad n\geq 865.$$

$$\text{b)} \quad \frac{\sigma_0}{\sqrt{n}}\cdot z_{\frac{1+\gamma}{2}} = \frac{15}{\sqrt{1000}}\cdot 1,96 = 0,93 \text{ cm.}$$

Konf $\{171,57 \leq \mu \leq 173,43\}$.

● AUFGABE 17

N= Gesamtzahl der Fische; M=250 gekennzeichnete Fische.

a) $\dfrac{250}{N} = \dfrac{22}{150}$; Schätzwert $\hat{N}=1705$.

b) Approximation durch die Normalverteilung.
   Konfidenzintervall für $p=\dfrac{250}{N}$:

$$g_{u,o} = \frac{1}{n+c^2}\cdot\left(k_0 + \frac{c^2}{2} \mp c\sqrt{\frac{k_0(n-k_0)}{n} + \frac{c^2}{4}}\ \right) ;$$

$\phi(c)=0{,}975$; $c=1{,}96$; $n=150$; $k_0=22$; $n-k_0=128$;

$g_u=0{,}0989$; $g_o=0{,}2121$; $0{,}0989\leq\dfrac{250}{N}\leq0{,}2121$; Konf $\{1178\leq N\leq2528\}$.

● AUFGABE 18

$E(X) = D^2(X) = \lambda$; $E(\bar{X})=\lambda$; $D^2(\bar{X}) = \dfrac{\lambda}{n}$; $\lambda>0$.

Standardisierung $Z = \dfrac{\bar{X}-\lambda}{\sqrt{\lambda}}\cdot\sqrt{n} \sim N(0;1)$-verteilt.

$(1+\dfrac{\gamma}{2})$-Quantil der $N(0;1)$-Verteilung $c=z_{\frac{1+\gamma}{2}}$.

$\gamma = P(-c\leq\dfrac{\bar{X}-\lambda}{\sqrt{\lambda}}\cdot\sqrt{n}\leq c) = P(\dfrac{(\bar{X}-\lambda)^2}{\lambda}\cdot n\leq c^2)$;

Umformung:

$$(\bar{X} - \lambda)^2 \leq \frac{c^2\cdot\lambda}{n} ;$$

$$\bar{X}^2 - 2\lambda\bar{X} + \lambda^2 - \frac{c^2}{n}\lambda \leq 0 ;$$

$$\lambda^2 - 2\lambda(\bar{X} + \frac{c^2}{2n}) \leq -\bar{X}^2 ;$$

$$[\lambda - (\bar{X} + \frac{c^2}{2n})]^2 \leq -\bar{X}^2 + \bar{X}^2 + \frac{\bar{X}c^2}{n} + \frac{c^4}{4n^2} = \frac{c^2(4n\bar{X} + c^2)}{4n^2} ;$$

$$P(\bar{X} + \frac{c^2}{2n} - \frac{c}{2n}\sqrt{4n\bar{X} + c^2} \leq \lambda \leq \bar{X} + \frac{c^2}{2n} + \frac{c}{2n}\sqrt{4n\bar{X} + c^2}) = \gamma ;$$

$$\text{Konf } \{\bar{x} + \frac{c^2}{2n} - \frac{c}{2n}\sqrt{4n\bar{x} + c^2} \leq \lambda \leq \bar{x} + \frac{c^2}{2n} + \frac{c}{2n}\sqrt{4n\bar{x} + c^2}\} ;$$

$$c = z_{\frac{1+\gamma}{2}}$$

- **AUFGABE 19**

$n=60$; $\bar{x}=\dfrac{200}{60}$; $c=z_{0,975}=1,96$;

Grenzen $\lambda_{u,o} = \dfrac{10}{3} + \dfrac{1,96^2}{120} \mp \dfrac{1,96}{120}\cdot\sqrt{800+1,96^2}$;

Konf $\{\,2,902 \leq \lambda \leq 3,828\,\}$.

- **AUFGABE 20**

$n=2\cdot\binom{18}{2}=18\cdot 17=306$; $\bar{x}=\dfrac{1081}{306}$; $c=z_{0,975}=1,96$;

Grenzen $\lambda_{u,o} = \dfrac{1081}{306} + \dfrac{1,96^2}{612} \mp \dfrac{1,96}{612}\cdot\sqrt{1224\cdot\dfrac{1081}{306} + 1,96^2}$

$= 3,539 \mp 0,211$;

Konf $\{3,33 \leq \lambda \leq 3,75\}$.

- **AUFGABE 21**

Maximum-Likelihood-Schätzung $\hat{a}=x_{max}$.

Es sei $0<d\leq 1$.

$$P(X_{max}\geq a-da) = 1-P(X_{max}\leq a(1-d)) = 1-\left(\dfrac{a(1-d)}{a}\right)^n = 1-(1-d)^n.$$

Wegen $X_{max}\geq a$ folgt hieraus

$$P(X_{max}\geq a(1-d)) = P\left(a\leq\dfrac{X_{max}}{1-d}\right) = P\left(X_{max}\leq a\leq\dfrac{X_{max}}{1-d}\right) = 1-(1-d)^n = \gamma ;$$

$1-d = \sqrt[n]{1-\gamma}$.

Konf $\left\{x_{max}\leq a\leq\dfrac{x_{max}}{\sqrt[n]{1-\gamma}}\right\}$. <u>Zahlenbeispiel:</u> $9,99\leq a\leq 10,294$.

- **AUFGABE 22**

a) Verteilungsfunktion $P(X_{max}\leq x)=\left(\dfrac{x}{a}\right)^n$ für $0\leq x\leq a$.

Dichte $f(x)=\dfrac{n}{a}\left(\dfrac{x}{a}\right)^{n-1}$ für $0\leq x\leq a$; $=0$ sonst.

$$E(X_{max}) = \dfrac{n}{a}\cdot\int_0^a x\cdot\left(\dfrac{x}{a}\right)^{n-1}dx = n\cdot\int_0^1 av^n dv = \dfrac{n}{n+1}\cdot a ;$$

$$E(X_{max}^2) = \dfrac{n}{a}\cdot\int_0^a x^2\left(\dfrac{x}{a}\right)^{n-1}dx = n\cdot\int_0^1 a^2 v^{n+1}dv = \dfrac{n}{n+2}\cdot a^2 ;$$

$$D^2(X_{max}) = \left[\dfrac{n}{n+2} - \dfrac{n^2}{(n+1)^2}\right]\cdot a^2 = \dfrac{n}{(n+2)(n+1)^2}\cdot a^2$$

Erwartungstreue Schätzfunktion $Y = \dfrac{n+1}{n}\cdot X_{max}$

$$E(Y)=a; \quad D^2(Y) = \left(\frac{n+1}{n}\right)^2 \cdot D^2(X_{max}) = \frac{1}{n \cdot (n+2)} \cdot a^2 \ .$$

b) $E(X_i)=\frac{a}{2}; \quad D^2(X_i)=\frac{a^2}{12}; \quad \bar{X}=\frac{1}{n}\sum_{i=1}^{n} X_i; \quad E(2\bar{X})=a; \quad D^2(2\bar{X})=\frac{a^2}{3n} \ .$

Für $n>2$ ist $D^2(Y)<D^2(2\bar{X})$; damit ist Y eine wirksamere Schätzung.

● AUFGABE 23

$Y=X-\mu+1/2$ ist in $[0;1]$ gleichmäßig verteilt.

Y_{max} besitzt nach Aufgabe 9 die Dichte $f(y)=ny^{n-1}$, $0\leq y\leq 1$, mit

$$E(Y_{max}) = \frac{n}{n+1}; \quad E(Y_{max}^2) = \int_0^1 ny^{n+1}dy = \frac{n}{n+2} \ ;$$

$$D^2(Y_{max}) = \frac{n}{n+2} - \left(\frac{n}{n+1}\right)^2 = \frac{n}{(n+1)^2 \cdot (n+2)} \ .$$

$$X_{max}=Y_{max}+\mu-1/2; \quad Z=Y_{max}-1+\mu+\frac{1}{n+1} \ ;$$

$$E(Z)=\mu; \quad D^2(Z)=D^2(Y_{max}) = \frac{n}{(n+1)^2 \cdot (n+2)} \ .$$

◆ AUFGABE 24

1.) Transformation $Y=\frac{X-a}{b-a}$ ist in $[0;1]$ gleichmäßig verteilt.

$$P(u\leq Y\leq v) = (v-u)^n \quad \text{für} \quad 0\leq u\leq v\leq 1 \ .$$

$$P(Y_{min}\geq u, \ Y_{max}\leq v) = \begin{cases} (v-u)^n & \text{für } 0\leq u<v\leq 1 \ ; \\ 0 & \text{sonst.} \end{cases}$$

$$P(Y_{min}\leq u, \ Y_{max}\leq v) + P(Y_{min}\geq u, \ Y_{max}\leq v) = P(Y_{max}\leq v) = v^n \ \Rightarrow$$

$$G(u,v) = P(Y_{min}\leq u, \ Y_{max}\leq v) = \begin{cases} v^n-(v-u)^n & \text{für } 0\leq u<v\leq 1; \\ v^n & \text{für } 0\leq v\leq u\leq 1. \end{cases}$$

$$\text{Dichte} \quad g(u,v) = \begin{cases} n\cdot(n-1)\cdot(v-u)^{n-2} & \text{für } 0\leq u<v\leq 1 \ ; \\ 0 & \text{sonst} \ . \end{cases}$$

$Z=Y_{min}+Y_{max};$
$F(z) = P(Z\leq z).$

<u>1. Fall $0\leq z\leq 1$</u>

$$F(z) = n(n-1)\cdot\int_0^{z/2} \int_u^{z-u} (v-u)^{n-2}dv\,du$$

$$= n\cdot\int_0^{z/2} (v-u)^{n-1}\Big|_{v=u}^{v=z-u} du$$

$$= n\cdot\int_0^{z/2} (z-2u)^{n-1}du = \frac{1}{2}z^n \ .$$

2. Fall $1 < z \leq 2$

$$F(z) = n(n-1) \cdot \int_0^{z-1} \int_u^1 (v-u)^{n-2} dv\, du + n(n-1) \cdot \int_{z-1}^{z/2} \int_u^{z-u} (v-u)^{n-2} dv\, du$$

$$= n \cdot \int_0^{z-1} (v-u)^{n-1} \Big|_{v=u}^{1} du + n \cdot \int_{z-1}^{z/2} (v-u)^{n-1} \Big|_{v=u}^{v=z-u} du$$

$$= n \cdot \int_0^{z-1} (1-u)^{n-1} du + n \cdot \int_{z-1}^{z/2} (z-2u)^{n-1} du$$

$$= -(1-u)^n \Big|_0^{z-1} - \frac{1}{2}(z-2u)^n \Big|_{u=z-1}^{z/2}$$

$$= 1 - (2-z)^n + \frac{1}{2}(2-z)^n = 1 - \frac{1}{2}(2-z)^n.$$

$$F(z) = \begin{cases} 0 & \text{für} \quad z \leq 0; \\ \frac{1}{2}z^n & \text{für} \quad 0 \leq z \leq 1; \\ 1 - \frac{1}{2}(2-z)^n & \text{für} \quad 1 \leq z \leq 2; \\ 1 & \text{für} \quad z > 2. \end{cases}$$

$$\text{Dichte } f(z) = \begin{cases} \frac{n}{2}z^{n-1} & \text{für} \quad 0 \leq z \leq 1; \\ \frac{n}{2}(2-z)^{n-1} & \text{für} \quad 1 \leq z \leq 2; \\ 0 & \text{sonst.} \end{cases}$$

Die Substitution $2-z=u$ liefert

$$E(Z) = \frac{n}{2} \cdot \int_0^1 z^n dz + \frac{n}{2} \cdot \int_1^2 z(2-z)^{n-1} dz = \frac{n}{2(n+1)} + \frac{n}{2} \cdot \int_0^1 (2-u)u^{n-1} du$$

$$= \frac{n}{2(n+1)} + \frac{n}{2}\left[\frac{2}{n} - \frac{1}{n+1}\right] = 1 \ .$$

$$E(Z^2) = \frac{n}{2} \int_0^1 z^{n+1} dz + \frac{n}{2} \int_0^1 (2-u)^2 u^{n-1} du = \frac{n}{2}\left[\frac{1}{n+2} + \frac{4}{n} - \frac{4}{n+1} + \frac{1}{n+2}\right];$$

$$D^2(Z) = E(Z^2) - E^2(Z) = \frac{n}{n+2} - \frac{2n}{n+1} + 1 = \frac{3}{(n+1) \cdot (n+2)} \ ;$$

2.) $X = (b-a) \cdot Y + a$; $\quad W = \frac{1}{2}(X_{min} + X_{max}) = \frac{b-a}{2} \cdot Z + a \quad$;

$$E(W) = \frac{a+b}{2} \ ; \quad D^2(W) = \frac{(b-a)^2}{4} \cdot D^2(Z) = \frac{3(b-a)^2}{4(n+1) \cdot (n+2)} \quad \cdot$$

4. Parametertests

● AUFGABE 1

Modell: Hypergeometrische Verteilung mit $N=10$, $M=1$ und $n=5$.
$p_k=P$(genau k fehlerhafte unter den 5 ausgewählten);

$$p_0 = \frac{\binom{1}{0}\binom{9}{5}}{\binom{10}{5}} = 0,5 \; ; \qquad p_1 = 1-p_0 = \frac{1}{2} \; ;$$

Irrtumswahrscheinlichkeit 1. Art $\alpha = P$(Annahme) $= p_0 = 0,5$.
Ein Fehler 2. Art ist nicht möglich.

● AUFGABE 2

A_1: Annahme ohne 2. Stichprobe $P(A_1) = (1-p)^5$.
A_2: Annahme nach der 2. Stichprobe

$P(A_2) = P$(2. Stichprobe enthält höchstens ein fehlerhaftes
       Stück)$\cdot P$(1. Stichprobe enthält genau ein fehlerhaftes
       Stück)

$$= \left[\binom{20}{0}p^0(1-p)^{20} + \binom{20}{1}p(1-p)^{19} \right] \cdot \binom{5}{1}p(1-p)^4$$
$$= 5p(1+19p)\cdot(1-p)^{23}.$$

P(Annahme) $= P(A_1) + P(A_2) = (1-p)^5 + 5p(1+19p)\cdot(1-p)^{23}$.

a) $0,9982$;   b) 9236 ;   c) $0,7190$;   d) $0,3560$;   e) $0,0313$.

● AUFGABE 3.

Einfacher Alternativtest
Nullhypothese H_0: $\mu=99$;   Alternative H_1: $\mu=100$;
Testfunktion $\bar{X}$ ist $N(\mu,\frac{25}{400})$-verteilt.

a) $P(\bar{X}<99,5 \,|\, H_0) = \phi\left(\frac{99,5-99}{0,25}\right) = \phi(2) = 0,977$;

   $P(\bar{X}<99,5 \,|\, H_1) = \phi\left(\frac{99,5-100}{0,25}\right) = \phi(-2) = 0,003$;

   $\alpha = \beta = 0,003$ (wegen der Symmetrie).

b) n Stichprobenumfang.

   $1-\alpha = P(\bar{X}<99,5 \,|\, \mu=99) = \phi\left(\frac{99,5-99}{5/\sqrt{n}}\right) = \phi(0,1\cdot\sqrt{n}) = 0,999;$

$$0,1 \cdot \sqrt{n} = 3,090 \quad \Rightarrow \quad n \geq 955.$$

● AUFGABE 4

Nullhypothese H_o: p=0,5; Alternative H_1: p>0,5.
X beschreibe die absolute Häufigkeit der Knabengeburten unter
3 000 Geburten. Falls H_o richtig ist, gilt E(X)=1 500;
$D^2(X)=3\ 000 \cdot \frac{1}{2} \cdot \frac{1}{2} = 750$. Dann ist X ungefähr N(1500;750)-verteilt.
Bestimmung der Ablehnungsgrenze $\alpha = P(X \geq c) = P(\frac{X-1500}{\sqrt{750}} \geq \frac{c-1500}{\sqrt{750}})$

$$= 1 - \phi(\frac{c-1500}{\sqrt{750}}) = 0,01;$$

$$\frac{c-1500}{\sqrt{750}} = 2,326 \quad \Rightarrow \quad c=1564;$$

Testentscheidung: $1578 \geq c$ $\Rightarrow$ Ablehnung von H_o (Annahme von H_1).

● AUFGABE 5

p = relativer Nichtwähleranteil zum Zeitpunkt der Umfrage.

    Nullhypothese H_o: $p=0,115=p_o$;
    Alternative H_1: p>0,115 .

X beschreibe die Anzahl der Nichtwähler unter 2000 zufällig
ausgewählten Personen. Approximation durch die Normalvertei-
lung. $E(X|p_o)=230$; $D^2(X|p_o)=203,55$.
$$P(X \geq c|p=0,115) = P(\frac{X-230}{\sqrt{203,55}} \geq \frac{c-0,5-230}{\sqrt{203,55}}) \approx 1 - \phi(\frac{c-230,5}{\sqrt{203,55}}) = 0,01.$$

$$\frac{c-230,5}{\sqrt{203,55}} = 2,326 \quad \Rightarrow \quad c=264 \text{ (aufgerundet).}$$

Testentscheidung: $h_{2000}=285 \geq c$ $\Rightarrow$ Ablehnung von H_o
    (Beeinflussung derjenigen, die beabsichtigen,
    nicht zur Wahl zu gehen).

● AUFGABE 6

a) Nullhypothese H_o: $\mu \geq 54$;

    Alternative H_1: $\mu < 54$.

    Voraussetzung: σ sei konstant.

b) Testgröße $\bar{X}$ ist $N(\mu,\frac{16}{n})$-verteilt.

$$\alpha(\mu) = P(\bar{X}<53,8\,|\,\mu) = \phi(\frac{53,8-\mu}{4}\sqrt{n})$$

$$\alpha = \alpha(54) = \phi(\frac{53,8-54}{4}\sqrt{n}) = 0,05 \ ;$$

$$0,05\sqrt{n} = 1,645 \ ; \quad n\geq1083 \ .$$

c) Nein wegen $\alpha(54) = \phi(0) = 0,5$.

Die kritische Grenze c muß kleiner als 54 sein. Dann gibt es zu jedem $\alpha<0,5$ einen minimalen Stichprobenumfang n, so daß die maximale Irrtumswahrscheinlichkeit 1. Art höchstens gleich α ist.

● AUFGABE 7

n sei der Stichprobenumfang. X beschreibe die Anzahl der fehlerhaften Stücke in der Stichprobe.

$X\sim N(np;np(1-p))$-verteilt.

a) 1. Test des Herstellers: H_o: $p>0,05$; H_1: $p\leq0,05$; $n=300$;

$$0,05=P(X\leq c_H\,|\,p=0,05)=P(\frac{X-15+0,5}{\sqrt{14,25}} \leq \frac{c_H-14,5}{\sqrt{14,25}})\approx\phi(\frac{c_H-14,5}{\sqrt{14,25}}) \ .$$

$$\frac{14,5-c_H}{\sqrt{14,25}} = 1,645 \ ; \quad c_H = 8 \ \text{(abrunden)}.$$

2. Test des Kunden: H_o: $p\leq0,05$; H_1: $p>0,05$; $n=400$;

$$0,05=P(X>c_K\,|\,p=0,05) \approx 1 - \phi(\frac{c_K-0,5-20}{\sqrt{19}}) \ ; \quad c_K=28 \ \text{(aufrunden)}.$$

b) 1. Hersteller: $\alpha(p)=P(X\leq c_H\,|\,p) \approx \phi(\frac{8,5-300p}{\sqrt{300p(1-p)}})$ für $p>0,05$;

$$\text{obere Grenze} \ \alpha_{max}=\alpha(0,05) = 0,0425 \ .$$

$$\beta(p) = 1-\alpha(p) \quad \text{für } p\leq0,05; \ \beta_{max}=0,9575 \ .$$

2. Kunde: $\alpha(p)=P(X>c_K\,|\,p) = 1 - P(X<c_K\,|\,p)$

$$\approx 1 - \phi(\frac{27,5-400p}{\sqrt{400p(1-p)}}) \quad \text{für } p\leq0,05 \ .$$

$$\alpha_{max}=\alpha(0,05) = 0,0427 \ ;$$

$$\beta(p) = 1 - \alpha(p) \approx \phi\left(\frac{27,5-400p}{\sqrt{400p(1-p)}}\right) \quad \text{für } p \leq 0,05.$$

$$\beta_{max} = 0,9573.$$

c)

		richtiger Parameter p	
		0,04	0,07
Hersteller	α	0	0,0023
	β	0,15	0
Abnehmer	α	0,0017	0
	β	0	0,46

● AUFGABE 8

a) H_0: $p \leq 0,05$; H_1: $p > 0,05$.

b) X beschreibe die Anzahl der fehlerhaften Stücke in einer
Stichprobe vom Umfang 40.

$$P(X \leq 2 \mid p) = (1-p)^{40} + 40p(1-p)^{39} + 780p^2(1-p)^{38}$$
$$= (1-p)^{38} \cdot (741p^2 + 38p + 1) .$$

Gütefunktion $G(p) = 1 - (1-p)^{38} \cdot (741p^2 + 38p + 1)$;

$\alpha(p) = G(p)$ für $p \leq 0,05$,
$\beta(p) = 1 - G(p)$ für $p > 0,05$.

c) 1.) p=0,03 ; $\alpha(0,03) = 0,118$;
   2.) p=0,06 ; $\beta(0,06) = 0,567$.

● AUFGABE 9

Modellvoraussetzung: Die Lebensdauer X der neuen Serie sei annähernd normalverteilt mit der Standardabweichung $\sigma_0 = 100$.

a) Nullhypothese H_0: $\mu = 2\,000$;   Alternative H_1: $\mu > 2\,000$.

X ~ N(2000;100)-verteilt, falls H_0 richtig ist.

$$\alpha = P(\bar{X} > c) = 1 - P(\bar{X} \leq c) = 1 - P\left(\frac{\bar{X}-2000}{10} \leq \frac{c-2000}{10}\right)$$

$$= 1 - \phi\left(\frac{c-2000}{10}\right) = 0,01 ; \quad c=2023,26 .$$

Testentscheidung: Die Materialänderung hat eine signifikante
Erhöhung der Brenndauer zur Folge.

b) $\alpha = 1 - \phi(\frac{2015-2000}{10}) = 0,067$.

$\quad \beta(\mu) = P(\bar{X}\leq 2015\,|\,\mu) = \phi(\frac{2015-\mu}{10})$;

$\quad \beta(2020) = \phi(-0,5) = 0,309; \quad \lim\limits_{\mu\to 2000}\beta(\mu) = \phi(1,5) = 0,933 = 1-\alpha$.

● AUFGABE 10

Nullhypothese H_0: p=0,7 ; Alternative H_1: p>0,7.

a) X beschreibe die Anzahl der geheilten Personen unter den 15.
X ist binomialverteilt. Wegen n=15 darf die Approximation
durch die Normalverteilung nicht benutzt werden.

$$P(X\geq 12\,|\,p=0,7) = \binom{15}{12}\cdot 0,7^{12}\cdot 0,3^{3} + \binom{15}{13}\cdot 0,7^{13}\cdot 0,3^{2} +$$
$$+ \binom{15}{14}\cdot 0,7^{14}\cdot 0,3 + 0,7^{15} = 0,297 \ .$$

b) P(X=15) = 0,00475 $\Big\}$

   P(X=14) = 0,03052 $\quad$ c=14 ; $\quad \alpha$=0,035 .

   P(X=13) = 0,09156 .

c) Approximation durch die Normalverteilung.

$\quad P(X\geq c\,|\,p=0,7) = P(X\geq c-0,5\,|\,p=0,7) = 1 - P(X\leq c-0,5\,|\,p=0,7)$

$$\qquad = 1 - \phi(\frac{c-0,5-100\cdot 0,7}{\sqrt{100\cdot 0,7\cdot 0,3}}) = 0,01 \ ;$$

$\Rightarrow \dfrac{c-70,5}{\sqrt{21}} = 2,326$; c=82 $\quad$ (aufgerundet).

● Aufgabe 11

X beschreibe die Anzahl der richtigen Antworten, die man durch
Raten erreichen kann. p=1/4.

X ist binomialverteilt mit $E(X) = 100\cdot\frac{1}{4} = 25$;

$$D^2(X) = 100\cdot\frac{1}{4}\cdot\frac{3}{4} = 18,75 \ .$$

Approximation durch die Normalverteilung

$P(X\geq c) = P(X\geq c-0,5) = 1 - P(X<c-0,5) \approx 1 - \phi(\frac{c-0,5-25}{\sqrt{18,75}})$.

$\phi(\frac{c-25,5}{\sqrt{18,75}}) = 1-\alpha$.

a) c=33 (aufrunden); b) c=36 ; c) c=39; d) c=42 .

● AUFGABE 12

<u>Modellvoraussetzung:</u> Normalverteilung.
t-Test für den Vergleich zweier Erwartungswerte bei unbekannten
Varianzen (einseitig).
$n_1=80$; $n_2=100$.

<u>Testgröße:</u> $t_{ber.} = \dfrac{1510-1430}{\sqrt{\dfrac{79 \cdot 90^2 + 99 \cdot 110^2}{178}}} \cdot \sqrt{\dfrac{80 \cdot 100}{180}} = 5,25$;

Freiheitsgrade: 178

a) $\alpha=0,01$ ⇒ c = 2,35.

   Entscheidung: Brenndauer aus Produktion B ist länger.

b) $\alpha=0,05$ liefert eine kleinere kritische Grenze c und ändert
   somit die Entscheidung nicht.

● AUFGABE 13

<u>Modellvoraussetzung:</u> Normalverteilung. Einseitiger t-Test.
μ_0 Ertragserwartung ohne Düngung   (x) ;
μ_1 Ertragserwartung mit Düngung   (y) .

<u>Nullhypothese:</u> H_0: $\mu_1=\mu_0$.
<u>Alternative:</u> H_1: $\mu_1>\mu_0$.
$n_1=n_2=10$;

Testgröße $t_{ber.} = \dfrac{3,35-3,0}{\sqrt{0,4^2+0,3^2}} \cdot \sqrt{10} = 2,21$.

Anzahl der Freiheitsgrade: 18;

$\alpha=0,05$ ⇒ c=1,73 ⇒ Entscheidung für $\mu_1>\mu_0$
                          (Ertragsverbesserung durch das Dünge-
                          mittel).

$\alpha=0,01$ ⇒ c=2,55 ⇒ keine Entscheidung für $\mu_1>\mu_0$.

Vorschlag: Weitere Versuchsdurchführung ect., da eine Annahme
           von H_0 evtl. mit einer sehr großen Irrtumswahr-
           scheinlichkeit behaftet ist.

● AUFGABE 14

Verbundene Stichprobe (2 Messungen am gleichen Individuum).
Modellannahme: Die Abweichungen seien $N(\mu,\sigma^2)$-verteilt;

Nullhypothese H_0: $\mu=0$; Alternative H_1: $\mu\neq0$.

$\bar{x}=0,45$; $s=1,731$;

Testgröße $T = \dfrac{\bar{X}-0}{S}\sqrt{20}$ ist t-verteilt mit 19 Freiheitsgraden.

$$t_{ber.} = \frac{0,45}{1,731}\sqrt{20} = 1,16 .$$

$P(-c \leq T \leq c) = 0,95 \;\leftrightarrow\; P(T \leq c) = 0,975 \;\Rightarrow\; c=2,09 .$

Testentscheidung: H_0 kann nicht abgelehnt werden.

● AUFGABE 15

t-Test für verbundene Stichproben (2 Meßergebnisse am gleichen Individuum).

Nullhypothese H_0: Abweichungen sind zufällig

    $\leftrightarrow$ Differenz ist normalverteilt mit dem Erwartungswert $\mu=0$.

Stichprobe der Differenz:

$d = (3;1;-2;3;-4;4;7;3;4;1)$; $\bar{d}=2,0$; $s^2=10$;

Testgröße $t_{ber.} = \dfrac{\bar{d}}{\sqrt{10}}\cdot\sqrt{10} = 2 .$

t-Verteilung mit 9 Freiheitsgraden;

zweiseitiger Test ergibt $c=2,82$;

Testentscheidung: $|t_{ber.}| < c$ $\Rightarrow$ keine Ablehnung der Nullhypothese.

● AUFGABE 16

Modellvoraussetzung: Normalverteilung.

t-Test für verbundene Stichproben;

Nullhypothese H_0: $\mu \geq -2$ (Vermutung falsch).

Alternative H_1: $\mu < -2$ (Vermutung richtig).

Testgröße: $T = \dfrac{\bar{X}-\mu}{S}\cdot\sqrt{40}$ ist t-verteilt mit 39 Freiheitsgraden.

$\alpha=P(T \leq c \mid \mu=-2)$; $c=-t_{1-\alpha}=-1,68$.

$$t_{ber.} = \frac{-2,4+2}{0,8}\cdot\sqrt{40} = -3,2 < t_{1-\alpha} .$$

Testentscheidung: Vermutung wird bestätigt.

● AUFGABE 17

N=1800 ; M=Anzahl der nichbelieferten Haushalte.

$p = \frac{M}{N}$; Nullhypothese H_o: p=0,05 ;

Alternative H_1: p>0,05 .

Testgröße $\bar{X}$ = rel. Häufigkeit der nichtbelieferten Haushalte.

$E(\bar{X})=0,05$, falls H_o richtig ist.

$\alpha = P(\bar{X} \geq 0,05+c) = 1 - P(\bar{X} \leq 0,05+c) = 1 - P(\frac{\bar{X}-0,05}{\sigma} \leq \frac{c}{\sigma})$.

Zentraler Grenzwertsatz $\phi(\frac{c}{\sigma}) \approx 1-\alpha = 0,98$.

Ablehnungsgrenze $K = (0,05+c) \cdot 1800$.

1.) Binomialverteilung: $\sigma^2 = \frac{0,05 \cdot 0,95}{n}$.

2.) Hypergeometrische Verteilung: $\sigma^2 = \frac{0,05 \cdot 0,95}{n} \cdot \frac{N-n}{N-1}$.

a) n=100; Binomialvert.: $\frac{10 \cdot c}{\sqrt{0,05 \cdot 0,95}} = 2,054$; c=0,0448; K=171;

   Hypergeom.Vert.: $\frac{10 \cdot c}{\sqrt{0,05 \cdot 0,95}} \cdot \sqrt{\frac{1799}{1700}} = 2,054$; c=0,0435; K=169;

b) n=400; Binomialvert.: $\frac{20 \cdot c}{\sqrt{0,05 \cdot 0,95}} = 2,054$; c=0,0224; K=131;

   Hypergeom.Vert.: $\frac{20 \cdot c}{\sqrt{0,05 \cdot 0,95}} \cdot \sqrt{\frac{1799}{1400}} = 2,054$; c=0,0197; K=126.

● AUFGABE 18

1.) <u>Test des Erwartungswertes</u>

   Hypothese H_o: $\mu_o=9,5$; Alternative $\mu>9,5$.

   Testgröße $t_{ber.} = \frac{\bar{X}-\mu_o}{s} \cdot \sqrt{25} = 0,57$;

   t-Verteilung mit 24 Freiheitsgraden.

   $c=t_{1-\alpha}=1,71$; $t_{ber.}<c$ ⇒ keine Ablehnung von H_o .

2.) <u>Test der Varianz</u>

   Hypothese H_o: $\sigma^2=\sigma_o^2=6,25$;

   Alternative H_1: $\sigma^2>6,25$.

   Testgröße $\frac{(n-1)s^2}{\sigma_o^2} = 47,04$

Chi-Quadrat-Verteilung mit 24 Freiheitsgraden;
$(1-\alpha)$-Quantil $c=36{,}42$ $\Rightarrow$ Ablehnung von H_o
(Varianz ist größer als vom Hersteller angegeben).

● AUFGABE 19

Die Stichproben besitzen die Varianzen
$s_1^2=291{,}31$; $s_2^2=283{,}53$;

Testgröße: $\dfrac{s_1^2}{s_2^2} = 1{,}03$.

F-Verteilung mit $(14,19)$ Freiheitsgraden;

Kritische Grenze: $c=2{,}26$;

Testentscheidung: Die Hypothese H_o kann nicht abgelehnt werden.

● AUFGABE 20

Nullhypothese H_o: $\sigma^2 \geq 100$; Alternative H_1: $\sigma^2 < 100$.

Testgröße: $\chi^2 = \dfrac{29 \cdot S^2}{\sigma^2}$ ist Chi-Quadrat-verteilt mit 29 Freiheitsgraden.

$P\left(\dfrac{29 \cdot S^2}{\sigma^2} \leq c \mid \sigma^2 = 100\right) = 0{,}05.$ $\Rightarrow$ $c = 17{,}71.$

$s^2 \leq \dfrac{17{,}71 \cdot 100}{29}$; $s \leq 7{,}81$.

● AUFGABE 21

Nullhypothese H_o: $\lambda = 2{,}9$; Alternative H_1: $\lambda < 2{,}9$;
Testgröße: $\bar{x} = 2{,}55$.
Einseitiges Konfidenzintervall nach Aufgabe 18 aus Abschnitt 3.

$P\left(\lambda \leq \bar{X} + \dfrac{c^2}{2n} + \dfrac{c}{2n}\sqrt{4n\bar{X}+c^2}\right) = \gamma$ mit $c=z_\gamma$; $\phi(c)=\gamma$.

Obere Grenze:

$2{,}55 + \dfrac{1{,}645^2}{200} + \dfrac{1{,}645}{200}\sqrt{4 \cdot 255 + 1{,}645^2} = 2{,}83$.

Da das berechnete Konfidenzintervall den Wert 2,9 nicht enthält, wird die Nullhypothese H_o zugunsten der Alternativen
H_1: $\lambda < 2{,}9$ abgelehnt. Entscheidung für eine signifikante Abnahme des Verkehrs.

● AUFGABE 22

Nullhypothese H_0: $\lambda=4,1$; Alternative H_1: $\lambda>4,1$.
Einseitiges Konfidenzintervall nach Aufgabe 18 aus Abschnitt 3.

$$P(\bar{X} + \frac{c^2}{2n} - \frac{c}{2n}\sqrt{4n\bar{X}+c^2}\leq\lambda) = \gamma \quad \text{mit } \phi(c)=\gamma \ .$$

$n=60$: $\bar{x}=\frac{273}{60}$;

Untere Grenze: $\frac{273}{60} + \frac{1,645^2}{120} - \frac{1,645}{120}\sqrt{4\cdot273+1,645^2} = 4,12$.

Da das Konfidenzintervall $\{\lambda\geq4,12\}$ den Wert 4,1 nicht enthält,
wird die Nullhypothese $\lambda=4,1$ abgelehnt. Entscheidung für eine
signifikante Zunahme der Anzahl der Telefongespräche.

● AUFGABE 23

t-Test für unabhängige Stichproben.

a) Testgröße $\dfrac{|\bar{x}-\bar{y}|}{\sqrt{\frac{0,09}{200} + \frac{0,09}{100}}} = \dfrac{|\bar{x}-\bar{y}|}{0,0367} \leq z_{1-\frac{\alpha}{2}} = 2,326$;

$$|\bar{x}-\bar{y}| \geq 0,0855 \Rightarrow \quad \text{Ablehnung von } H_0.$$

b) 1.) H_0: $\mu_1-\mu_0=0,2$; H_1: $\mu_1-\mu_0>0,2$;

$$\dfrac{\bar{X}-\bar{Y}-0,2}{\sigma_0\cdot\sqrt{\frac{1}{n_1}+\frac{1}{n_2}}} \quad \text{ist } N(0;1)\text{-verteilt, falls } H_0 \text{ richtig ist.}$$

$$\dfrac{\bar{x}-\bar{y}-0,2}{0,3\cdot\sqrt{\frac{1}{200}+\frac{1}{100}}} > z_{1-\alpha} = 2,326 \ .$$

Annahme von H_1 für $\bar{x}-\bar{y} >0,2+0,0855 = 0,2855$.

2.) H_0: $\mu_1-\mu_0=-0,2$; H_1: $\mu_1-\mu_0<-0,2$.

Wegen der Symmetrie folgt aus 1)
Annahme von H_1 für $\bar{x}-\bar{y}<- 0,2855$.

● AUFGABE 24

Testgröße $\bar{X}$ ist $N(\mu,\frac{9}{100})$-verteilt.

Fehler 1. Art

$\alpha(\mu) = P(1007-c \leq \bar{X} \leq 1007+c \mid \mu)$.

$\alpha(\mu)$ ist. maximal für $\mu=1009$ bzw. $\mu=1005$ (Symmetrie!).

$$\alpha(1009) = P(\frac{1007-c-1009}{0,3} \leq \frac{\bar{X}-1009}{0,3} \leq \frac{1007+c-1009}{0,3})$$

$$= \phi(\frac{c-2}{0,3}) - \phi(\frac{-c-2}{0,3}) .$$

$$\approx 0 \text{ (Vermutung)} .$$

Ansatz: $\phi(\frac{c-2}{0,3}) = 0,01$; $\quad \frac{-c+2}{0,3} = 2,326$; $\quad c=1,3$;

$$\phi(\frac{-c-2}{0,3}) = 0.$$

Testentscheidung: $|\bar{x}-1007| \leq 1,3 \Rightarrow$ Entscheidung für
$$1005 < \mu < 1009.$$

5. Varianzanalyse

● AUFGABE 1

Einfache Varianzanlyse; Hypothese H_0: $\mu_1=\mu_2=\mu_3=\mu_4$;
Koordinatentransformation $y=x-50$ ändert die Testgröße nicht;
$n=20$;

Gruppe						$y_i.$	$(y_i.)^2$
1	4,1	2,3	7,4	7,8	1,8	23,4	547,56
2	3	4,6	6,9	9,4	7	30,9	954,81
3	7,4	11,6	8,2	13,4	8,9	49,5	2450,25
4	8,6	11,3	9,5	13	12,5	54,9	3014,01
					$y.. =$	158,7	6966,63

$$= \sum(y_i.)^2$$

Quadratsumme $\sum\sum y_{ik}^2 = 1488,55$.

$$q = \sum\sum(y_{ik}-\bar{y})^2 = \sum\sum y_{ik}^2 - \frac{y..^2}{n} = 229,27 ;$$

$$q_1 = \sum_i n_i(\bar{y}_i.-\bar{y})^2 = \sum_i \frac{(y_i.)^2}{n_i} - \frac{y..^2}{n} = \frac{6966,63}{5} - \frac{158,7^2}{20} = 134,04;$$

$$q_2 = \sum\sum(y_{ik}-y_i.)^2 = q-q_1 = 95,22 ;$$

Testgröße $v = \dfrac{q_1/(4-1)}{q_2/(20-4)} = 7,5$.

F-Verteilung mit (3;16) Freiheitsgraden.

Kritische Grenze $c = 3,24$.

Testentscheidung: $v>c \Rightarrow$ Ablehnung von H_0

(Ertrag ist abhängig vom Düngemittel).

● AUFGABE 2

Nullhypothese H_0: Alle Erwartungswerte sind gleich.

Einfache Varianzanalyse ; $n_i=5$ für alle i; n=40.

Sorte	Gruppenmittel $\bar{x}_{i\cdot}$	Summe $x_{i\cdot}$	$x_{i\cdot}^2/n_i$
1	3,38	16,9	57,122
2	3,86	19,3	74,498
3	3,68	18,4	67,712
4	2,94	14,7	43,218
5	4,44	22,2	98,568
6	3,36	16,8	56,448
7	3,24	16,2	52,488
8	3,9	19,5	76,05
		$x_{\cdot\cdot}=144$	$526,104 = \sum\limits_{i=1}^{5} \dfrac{x_{i\cdot}^2}{n_i}$;

$$\sum x_{ik}^2 = 532,78 \; ;$$

$$q = \sum\sum (x_{ik}-\bar{x})^2 = \sum x_{ik}^2 - \frac{x_{\cdot\cdot}^2}{40} = 14,38 \; ;$$

$$q_1 = \sum n_i (\bar{x}_{i\cdot} - \bar{x})^2 = \sum \frac{x_{i\cdot}^2}{n_i} - \frac{x_{\cdot\cdot}^2}{40} = 7,704 \; ;$$

$$q_2 = \sum\sum (x_{ik} - \bar{x}_{i\cdot})^2 = q-q_1 = 6,676 \; ;$$

Testgröße $v = \dfrac{q_1/(m-1)}{q_2/(n-m)} = \dfrac{7,704/7}{6,676/32} = 5,28$.

99%-Quantil der $F_{[7;32]}$-Verteilung; c=3,26;

Testentscheidung: $v>c \Rightarrow$ Ablehnung von H_0

(Sorte hat Einfluß auf den Ertrag).

● AUFGABE 3

Nullhypothese H_0: Erwartete Mängelanzahl bei allen Bändern gleich. Einfache Varianzanalyse mit $n_i=5$ für alle i und m=4; n=20.

Band	$\bar{x}_{i\cdot}$	$x_{i\cdot}$	$\dfrac{x_{i\cdot}^2}{n_i}$
1	50	250	12500
2	47	235	11045
3	56	280	15680
4	44	220	9680
	$x_{\cdot\cdot}=985$	48905	

$$\sum x_{ik}^2 = 49\ 341\ ;$$

$$q = \sum\sum(x_{ik}-\bar{x})^2 \quad = 829,75\ ;$$
$$q_1 = \sum n_i(\bar{x}_{i\cdot}-\bar{x})^2 \quad = 393,75\ ;$$
$$q_2 = \sum\sum(x_{ik}-\bar{x}_{i\cdot})^2 = 436 \qquad (=q-q_1)\ ;$$

$$\text{Testgröße} \quad v = \frac{393,75/(4-1)}{436/(20-4)} = 4,82\ .$$

a) 95%-Quantil der $F_{[3;16]}$-Verteilung c=3,24 $\Rightarrow$ Ablehnung von H_0

(Ausschuß an den Bändern verschieden).

b) 99%-Quantil der $F_{[3;16]}$-Verteilung c=5,29 $\Rightarrow$ keine Ablehnung von H_0.

● AUFGABE 4

Nullhypothese H_0: Der Erwartungswert der Blütenlängen ist bei allen Pflanzen gleich.

Einfache Varianzanlyse: Transformation $y=x-10$; $m=10$; $n=42$.

Pflanze i	y_{ik}					n_i	$\bar{y}_{i\cdot}$	$y_{i\cdot}$	$y_{i\cdot}^2/n_i$
1	2,5	1,5	2,0	2,5	1,5	5	2	10	20
2	3,5	4,5	3,5	3,5	2,5	5	3,5	17,5	61,25
3	5	3,5	3,5	4,5	4,5	5	4,2	21	88,2
4	1,5	2,0	2,0	1,5	2,0	5	1,8	9	16,2
5	2,5	2,5	2,5	2,0	1,5	5	2,2	11	24,2
6	2,0	1,0	1,5	1,5		4	1,5	6	9
7	5,0	5,5	4,5	3,0		4	4,5	18	81
8	5,0	3,5	5,0			3	4,5	13,5	60,75
9	0,5	0,5	1,0			3	0,67	2	1,333
10	3,0	3,5	3,5			3	3,33	10	33,333
	$\sum\sum y_{ik}^2 = 407$					$n=42$		$y_{\cdot\cdot}=118$	395,27

$$q = \sum\sum(y_{ik}-\bar{y})^2 = 407 - \frac{118^2}{42} = 75,48;$$

$$q_1 = 395,27 - \frac{118^2}{42} = 63,75; \qquad q_2 = q - q_1 = 11,73;$$

Testgröße $v = \dfrac{63,75/(10-1)}{11,73/(42-10)} = 19,32$.

99%-Quantil der $F_{[9;32]}$-Verteilung c=3,02 ;
Testentscheidung: v>c $\Rightarrow$ Ablehnung von H_0
(mittlere Blütenlänge ist bei den Pflanzen der Grundgesamtheit verschieden).

● AUFGABE 5

Modellvoraussetzung: $N(\mu,\sigma^2)$-Verteilung liegt zugrunde mit konstantem σ^2.

Nullhypothese H_0: Alle Erwartungswerte sind gleich.
Einfache Varianzanalyse. Transformation y=x-16.

Gruppe											n_i	$y_{i\cdot}$	$y_{i\cdot}^2/n_i$
1	-8	2	-3	-4	-2						5	-15	45
2	4	3	4	1	3						5	15	45
3	3	-4	-7	1	0	2	-6	-2	1	2	10	-10	10

$$\sum y_{ik}^2 = 272 \ ; \quad n=20; \qquad -10=y_{\cdot\cdot}; \ 100= \sum \frac{y_{i\cdot}^2}{n_i}$$

$q = \displaystyle\sum_{i,k} (y_{ik}-\bar{y})^2 = 272 - \frac{10^2}{5} = 267$;

$q_1 = \sum n_i (x_{i\cdot}-\bar{x})^2 = \sum \dfrac{x_{i\cdot}^2}{n_i} - 5 = \quad 95$;

$q_2 = q - q_1 = 172$;
Testgröße $v = \dfrac{q_1/2}{q_2/17} = 4,69$;

95%-Quantil der $F_{[2,17]}$-Verteilung c=3,59.
Testentscheidung: Ablehnung von H_0 - Lehrmethoden haben Einfluß auf die Leistungen.

● AUFGABE 6

Modellvoraussetzungen: Normalverteilungen mit konstanter Varianz.
Doppelte Varianzanalyse mit l=3, m=4, n=12.

A \ B	Ort x_{ik} 1	2	3	$x_{i\cdot}$
Sorte				
1	8	19	24	51
2	10	20	22	52
3	16	18	23	57
4	14	22	21	57
$x_{\cdot k}$	48	79	90	$217 = x_{\cdot\cdot}$

$$\sum x_{ik}^2 = 4215$$
$$\sum x_{i\cdot}^2 = 11803$$
$$\sum x_{\cdot k}^2 = 16645$$

$$q = \sum x_{ik}^2 - \frac{x_{\cdot\cdot}^2}{n} = 290{,}92;$$

$$q_A = \frac{1}{3} \sum_i x_{i\cdot}^2 - \frac{x_{\cdot\cdot}^2}{12} = 10{,}25;$$

$$q_B = \frac{1}{4} \sum_k x_{\cdot k}^2 - \frac{x_{\cdot\cdot}^2}{12} = 237{,}17;$$

$$q_{Rest} = q - q_A - q_B = 43{,}50 .$$

Testgrößen:

Zeileneffekt $\quad v_A = \dfrac{q_A/(4-1)}{q_{Rest}/(4-1)\cdot(3-1)} = 0{,}47 ;$

Spalteneffekt $\quad v_B = \dfrac{q_B/(3-1)}{q_{Rest}/(4-1)\cdot(3-1)} = 16{,}36 .$

95%-Quantil der $F_{[3;6]}$-Verteilung $\quad c_A = 4{,}76 ;$
95%-Quantil der $F_{[2;6]}$-Verteilung $\quad c_B = 5{,}14 .$

Testentscheidung: a) $v_A < c_A$ $\quad\Rightarrow\quad$ Die Hypothese, daß die Sorte keinen Einfluß auf den Ertrag hat, kann nicht abgelehnt werden.

b) $v_B > c_B$ $\quad\Rightarrow\quad$ Anbauort hat Einfluß auf den Ertrag.

● AUFGABE 7

Doppelte Varianzanalyse mit $l=6$, $m=4$, $n=24$.

	x_{ik} 1	2	3	4	5	6	$x_{i\cdot}$
	-2	1	0	-1	1	-1	-2
	-1	4	0	0	1	2	6
	0	3	-1	2	0	2	6
	-1	1	0	-1	1	1	1
$x_{\cdot k}$	-4	9	-1	0	3	4	$11 = x_{\cdot\cdot}$

$$\sum x_{ik}^2 = 53$$
$$\sum x_{i\cdot}^2 = 77$$
$$\sum x_{\cdot k}^2 = 123$$

$$q = 47{,}96 ; \quad q_A = 7{,}79 ; \quad q_B = 25{,}71 ; \quad q_{Rest} = 14{,}46 .$$

$$v_A = \frac{q_A/3}{q_{Rest}/15} = 2,69 \; ; \quad c_A = 3,29.$$

$$v_B = \frac{q_B/5}{q_{Rest}/15} = 5,33 \; ; \quad c_B = 2,90.$$

Testentscheidung: Keine unterschiedliche Beurteilung der Prüfer, jedoch verschiedene Abgaben der Zapfsäulen.

● AUFGABE 8

Modellvoraussetzung: Die 15 Meßwerte sind Realisierungen unabhängiger normalverteilter Zufallsvariabler mit der gleichen Varianz. Doppelte Varianzanalyse.

Testgrößen: 1) (Unterschied an den Tagen):
$v_A = 2,568$; Freiheitsgrade [4,8]; $c_A = 3,84$.
2) (Unterschied in den Schichten):
$v_B = 0,318$; Freiheitsgrade [2;8]; $c_B = 4,46$.

Testentscheidung: Weder Wochentag noch Arbeitsschicht haben einen signifikanten Einfluß auf die Produktionsmengen.

6. Chi-Quadrat-Anpassungstests

● AUFGABE 1

Nullhypothese: $p_1 = P(\text{Knabengeburt}) = p_2 = P(\text{Mädchengeburt}) = \frac{1}{2}$.

Testgröße: $\chi^2_{ber.} = \frac{(1578-1500)^2}{1500} + \frac{(1422-1500)^2}{1500} = 8,1$.

Anzahl der Freiheitsgrade 1; kritische Grenze $c = 6,63$.
Testentscheidung: $\chi^2_{ber.} > c \;\Rightarrow\;$ Ablehnung der Nullhypothese.

● AUFGABE 2

Chi-Quadrat-Anpassungstest;
Nullhypothese H_o: $p_i = P(\text{Entscheidung für die Kategorie i}) = \frac{1}{6}$
für alle i.

Testgröße $\chi^2_{ber.} = \dfrac{6}{384} \sum\limits_{i=1}^{6} h_i^2 - 384 = 3,0.$

5 Freiheitsgrade; c=11,07.

Testentscheidung: Keine Ablehnung der Nullhypothese.

● AUFGABE 3

Chi-Quadrat-Anpassungstest.

$H_0: p_i = \dfrac{1}{12}$ (GLeichverteilung) ; n=1503;

$\chi^2_{ber.} = \dfrac{12}{1503} \cdot \sum\limits_{i=1}^{12} h_i^2 - 1503 = \dfrac{12}{1503} \cdot 189163 - 1503 = 7,28;$

11 Freiheitsgrade ;   Kritische Grenze c=19,68;

Testentscheidung: H_0 kann nicht abgelehnt werden.

● AUFGABE 4

Chi-Quadrat-Anpassungstest.

Bestimmung der Wahrscheinlichkeiten:

Hypothese H_0: P(rosa)=2·P(rot) ; P(rot)=P(weiß)

$\Rightarrow$ P(rot)=P(weiß)=$\dfrac{1}{4}$; P(rosa)=$\dfrac{1}{2}$;

n=500;

Merkmal	rot	rosa	weiß
Häufigkeiten	128	255	117
erwartete Häufigkeiten	125	250	125

$\chi^2_{ber.} = \dfrac{(128-125)^2}{125} + \dfrac{(255-250)^2}{250} + \dfrac{(117-125)^2}{125} = 0,684 ;$

2 Freiheitsgrade; c=5,99;

Testentscheidung: $\chi^2_{ber.} < c \Rightarrow$ keine Ablehnung der Mendelschen Hypothese.

● AUFGABE 5

Test auf Binomialverteilung. Anzahl der Sätze 80·3=240.

Schätzwert $\hat{p} = \dfrac{18\cdot1+28\cdot2+24\cdot3}{240} = \dfrac{73}{120}$; $p_k = \binom{3}{k}\left(\dfrac{73}{120}\right)^k \cdot \left(\dfrac{47}{120}\right)^{3-k}.$

Anzahl der Spiele n=80.

k	0	1	2	3
erwartete Häufigkeiten $80p_k$	4,8	22,4	34,8	18
beobachtete Häufig-keiten	10	18	28	24

Testgröße: $\chi^2_{ber.}$ = 9,82. EinParameter wurde geschätzt. Anzahl
der Freiheitsgrade 4-1-1=2 ; c=5,99.

Testentscheidung: $\chi^2_{ber.} > c \Rightarrow$ keine Binomialverteilung, d.h.
die Gewinnwahrscheinlichkeit für einen Satz
ist nicht immer gleich.

● AUFGABE 6

Chi-Quadrat-Anpassungstest.

1.) Nullhypothese H_0: P(K)=P(M)=0,5.

Falls H_0 richtig ist, liegt eine Binomialverteilung mit
n=3 und p=1/2 vor, also p_k=P(genau k Knaben)=$\binom{3}{k}\frac{1}{2^3}$.

k	0	1	2	3
Wahrscheinlich-keiten p_k	1/8	3/8	3/8	1/8
erwartete Häufig-keiten $n \cdot p_k$	62,5	187,5	187,5	62,5
beobachtete Häufigkeiten	54	175	195	76

$$\chi^2_{ber.} = \frac{(54-62,5)^2}{62,5} + \frac{(175-187,5)^2}{187,5} + \frac{(195-187,5)^2}{187,5} +$$

$$+ \frac{(76-62,5)^2}{62,5} = 5,2.$$

3 Freiheitsgrade; c=7,81;

H_0 kann nicht abgelehnt werden.

2.) Nullhypothese H_0: p=P(K)=0,515 .

$p_k = \binom{3}{k} \cdot 0,515^k \cdot 0,485^{3-k}$;

p_0=0,1141 ; p_1=0,3634 ; p_2=0,3859 ; p_3=0,1366.

$\chi^2_{ber.}$ = 1,30.

H_0 kann auch nicht abgelehnt werden.

Interpretation: Da die Wahrscheinlichkeiten für beide Hypothesen ungefähr gleich sind, bedeutet keine Ablehnung beider

Hypothesen noch keinen Widerspruch. Zu einer Ablehnung der
ersten Hypothese wird man vermutlich dann kommen, wenn der
Stichprobenumfang n stark vergrößert wird oder wenn man Familien mit 4 oder gar 5 Kindern untersucht.

● AUFGABE 7

Chi-Quadrat-Anpassungstest.

a) Gesamtfläche $2 \cdot a = 1$; $a = \frac{1}{2}$;

b) Klasseneinteilung: $K_1 = [0;1]$; $K_2 = (1;2]$; $K_3 = (2;3]$.

Nullhypothese H_0: $p_1 = P(K_1) = p_3 = P(K_3) = 1/4$; $p_2 = P(K_2) = 1/2$.

$$\chi^2_{ber.} = \frac{(15 - 50 \cdot 1/4)^2}{50 \cdot 1/4} + \frac{(29 - 50 \cdot 1/2)^2}{50 \cdot 1/2} + \frac{(6 - 50 \cdot 1/4)^2}{50 \cdot 1/4} = 4,52.$$

2 Freiheitsgrade; kritische Grenze $c = 5,99$.

Testentscheidung: $\chi^2_{ber.} < c$ ➡ keine Ablehnung der Nullhypothese.

Bemerkung: Aus der Annahme der Nullhypothese H_0 würde nur
folgen, daß die Zufallsvariable X die in H_0 ange-
gebenen Klassenwahrscheinlichkeiten besitzt. Daraus
darf nicht geschlossen wreden, daß X die angegebene
Dichte f besitzt, da es viele Dichten mit den entsprechenden Klassenwahrscheinlichkeiten gibt. Eine
Ablehnung von H_0 hätte jedoch eine Ablehnung der
vorgegebenen Dichte zur Folge.

● AUFGABE 8

Chi-Quadrat-Anpassungstest; Anzahl der Glühbirnen $500 \cdot 4 = 2000$.

Schätzwerte $\hat{\lambda} = \bar{x} = \frac{40 \cdot 1 + 30 \cdot 2 + 16 \cdot 3 + 3 \cdot 4}{2000} = 0,08$;

Poissonverteilung $p_k = \frac{0,08^k}{k!} e^{-0,08}$, $k = 0,1,2,\ldots$;

Binomialverteilung $p_k = \binom{4}{k} \cdot 0,08^k \cdot 0,92^{4-k}$, $k = 0,1,2,3,4$.

fehlerhafte Stücke	0	1	2	3	4
Wahrscheinlichkeit (Poisson) p_k	0,92312	0,07385	0,00295	0,00008	0,000002
Wahrscheinlichkeit (Binómialvert.) p_k	0,71639	0,24918	0,03250	0,00188	0,00004

Stichprobenumfang n=500 ; Klasseneinteilung.

a) Test auf Poissonverteilung

	0	1	≥ 2
erwartete Häufigkeiten	461,6	36,9	1,5
eingetretene Häufigkeiten	411	40	49

$\chi^2_{ber.}$ = 1494 ;
Testentscheidung:
keine Poissonvert.

b) Test auf Binomialverteilung

	0	1	≥ 2
erwartete Häufigkeiten	358,2	124,6	17,2
eingetretene Häufigkeiten	411	40	49

$\chi^2_{ber.}$ = 124 ;
Testentscheidung:
keine Binomialvert.

Bemerkung: Daß weder eine Poisson-noch eine Binomialverteilung vorliegt, ist vermutlich auf Beschädigungen während des Transports oder während der Lagerung zurückzuführen. Dadurch geht die Eigenschaft der Unabhängigkeit innerhalb der Packungen verloren.

● AUFAGBE 9

Chi-Quadrat-Anpassungstests.

a) Test auf Gleichverteilung

10 Klassen mit gleicher Breite. H_0: $p_i = \frac{1}{10}$ für alle i.

$$\chi^2_{ber.} = \frac{1}{10} \cdot \sum_{i=1}^{10} h_i - 100 = 7 .$$

9 Freiheitsgrade; c=16,92.

Testentscheidung: Keine Ablehnung der Gleichverteilung.

b) Test auf Normalverteilung

Näherungswerte aus den Klassenmitten

$\bar{x}$ = 3,15 ; s = 0,26.

2 Parameter geschätzt;

Anzahl der Freiheitsgrade 10-2-1=7 ;   Kritische Grenze c=14,07.

siehe nachfolgende Tabelle : $\chi^2_{ber.}$ = 3,535.

Testentscheidung: $\chi^2_{ber.} < c$ ⇒ Keine Ablehnung der Normalverteilung.

standardisierte Klasseneinteilung	ϕ(links)	p_i=Klassen-wahrschein-lichkeit	$\dfrac{(h_i-np_i)^2}{np_i}$
$-\infty$ ... $-1,54$	0	0,062	0,006
$-1,54$ ... $-1,15$	0,062	0,063	0,523
$-1,15$ ... $-0,77$	0,125	0,096	0,204
$-0,77$ ... $-0,38$	0,221	0,129	0,001
$-0,38$ ... 0	0,350	0,150	0,067
0 ... $0,38$	0,5	0,150	1,067
$0,38$ ... $0,77$	0,650	0,129	0,001
$0,77$ ... $1,15$	0,779	0,097	0,298
$1,15$ ... $1,54$	0,876	0,062	1,265
$1,54$ ... ∞	0,938	0,062	0,103
		$\sum = 1$	$3,535 = \chi^2_{ber.}$

<u>Bemerkung:</u> Von den beiden Hypothesen muß mindestens eine falsch
sein. Daß diese falsche Hypothese nicht abgelehnt
werden kann, liegt an dem geringen Stichprobenumfang.

● AUFGABE 10

Chi-Quadrat-Anpassungstest. $a_i^* = \dfrac{a_i-145,19}{3,27}$; n=400.

Klassen-einteilung	$\phi(a_i^*)$	p_i	np_i	h_i	$\dfrac{(h_i-np_i)^2}{np_i}$
$-\infty$ ... 140	0	0,056	22,4	18	0,86
140 ... 142	0,056	0,108	43,2	38	0,63
142 ... 144	0,165	0,193	77,2	82	0,30
144 ... 146	0,358	0,240	96	105	0,84
146 ... 148	0,598	0,207	82,8	89	0,46
148 ... 150	0,805	0,124	49,6	46	0,26
150 ... ∞	0,929	0,071	28,4	22	1,44
		0,999 (Rundungs-fehler)			$4,79 = \chi^2_{ber.}$

Anzahl der Freiheitsgrade: 7-1-2=4 ; c=9,49 .

Testentscheidung: $\chi^2_{ber.} < c$ ⇒ Normalverteilung kann nicht
abgelehnt werden.

● AUFGABE 11

Chi-Quadrat-Anpassungstest.

Standardisierung $a_i^* = a_i - 10$.

Klassen-einteilung	Wahrschein-lichk. p_i	erwartete Häufigkeiten $1000p_i = \hat{h}_i$	beobachtete Häufigkeiten h_i	$\dfrac{(h_i - np_i)^2}{np_i}$
$x \leq 9,5$	0,3085	308,5	248	11,86
$9,5 < x \leq 10$	0,1915	191,5	180	0,69
$10 < x \leq 10,5$	0,1915	191,5	242	13,32
$10,5 < x$	0,3085	308,5	330	1,50
	1,0000	1000	1000	$27,37 = \chi^2_{ber.}$

Anzahl der Freiheitsgrade: 4-1=3 (kein Parameter geschätzt!).
c=11,35.

Testentscheidung: $\chi^2_{ber.} > c \Rightarrow$ Ablehnung der Behauptung des
Herstellers (diese Normalver-
teilung liegt nicht vor).

● AUFGABE 12

Chi-Quadrat-Anpassungstest; $F(x) = 1 - e^{-\lambda x}$ für $x \geq 0$.
Maximum-Likelihood-Schätzung für λ :

$$L = \prod_{i=1}^{n} \lambda e^{-\lambda x_i} = \lambda^n e^{-\lambda \sum_{i=1}^{n} x_i} \quad ;$$

$$\ln L = n \cdot \ln \lambda - \lambda \sum_{i=1}^{n} x_i \quad ;$$

$$\frac{\partial \ln L}{\partial \lambda} = \frac{n}{\lambda} - \sum_{i=1}^{n} x_i \quad ; \quad \hat{\lambda} = \frac{1}{\bar{x}} = 1,22 \quad ; \quad n=25 .$$

Verteilungsfunktion $F(x) = 1 - e^{-1,22x}$ für $x \geq 0$.

Klassen-einteilung	F (linker Rand)	Klassenwahr-scheinl. p_i	Häufigk. h_i	$\dfrac{(h_i - np_i)^2}{np_i}$
0 ... 0,2	0	0,217	5	0,033
0,2 ... 0,4	0,217	0,169	4	0,012
0,4 ... 0,7	0,386	0,188	5	0,019
0,7 ... 1,3	0,574	0,221	5	0,050
1,3 ... ∞	0,795	0,205	6	0,149
	1			
		1	n=25	$0,26 = \chi^2_{ber.}$

Anzahl der Freiheitsgrade: 5-1-1=3 ; c=7,81 .
Testentscheidung: Keine Ablehnung der Hypothese.

● AUFGABE 13

$\mu=23,4$; $\sigma=5,24$.

Klassen-einteilung	Häufigkeiten	Klassenwahrschein-lichkeiten p_i
0 ... 19	32 449	0,2005
19 ... 20	31 750	0,0577
20 ... 21	38 684	0,0653
21 ... 22	38 260	0,0712
22 ... 23	34 126	0,0749
23 ... 24	28 276	0,0760
24 ... 25	22 633	0,0744
25 ... 26	17 622	0,0702
26 ... 27	13 114	0,0638
27 ... 29	16 642	0,1034
29 ... 33	14 074	0,1091
33	11 640	0,0335
	299 270 = n	1,0000

Testgröße $\chi^2_{ber.}$ = 84 363 ; 9 Freiheitsgrade ; c=27,88.

Testentscheidung: Es liegt keine Normalverteilung vor.

● AUFGABE 14

Nullhypothese H_o: Y = ln(X) ist normalverteilt; n=30.

Schätzwerte $\mu=\dfrac{4,71}{30}$ = 0,157 ; $\sigma^2 = \dfrac{1}{30}[48,98-30\cdot0,157^2]$ =1,608;

$$\sigma=1,27 \; ; \; a_i^* = \frac{a_i-\mu}{\sigma} \; ;$$

Klassen-einteilung	h_i	$\phi(a_i^*)$ links	p_i Klassen-wahrscheinl.	$n\cdot p_i$	$\dfrac{(h_i-np_i)^2}{np_i}$
$-\infty$ ... -0,6	7	0	0,276	8,28	0,198
-0,6 ... 0,2	8	0,276	0,238	7,14	0,104
0,2 ... 0,8	7	0,514	0,180	5,40	0,474
0,8 ... ∞	8	0,694	0,306	9,18	0,152
			1,00	30	0,928=$\chi^2_{ber.}$

Anzahl der Freiheitsgrade: 4-2-1=1 ; c=3,84;

Testentscheidung: H_o kann nicht abgelehnt werden
(keine Entscheidung gegen logarithmische
Normalverteilung).

● AUFGABE 15

Maximum-Likelihood-Schätzungen: λ=Mittelwert; n=306.

1.) $\lambda=\bar{x}=2,056$; $p_k=\dfrac{\lambda^k}{k!}\,e^{-\lambda}$, k = 0,1,2,...

Tore	0	1	2	3	4	5	≥6
Wahrscheinl.	0,128	0,263	0,270	0,185	0,095	0,039	0,020
erwartete Häufigkeiten	39,3	80,5	82,8	56,7	29,2	12,0	6,12
eingetretene Häufigkeit	44	74	87	51	31	14	5

$\chi^2_{ber.}$ = 2,60 ;
5 Freiheitsgrade ;   c=11,07 ⇒   keine Ablehnung der
                                  Poissonverteilung.

2.) $\lambda=\bar{y}=1,340$.

Tore	0	1	2	3	≥4
Wahrscheinl.	0,262	0,351	0,235	0,105	0,047
erwartete Häufigkeiten	80,1	107,4	71,9	32,1	14,4
eingetretene Häufigkeit	79	109	71	33	14

$\chi^2_{ber.}$ = 0,086 ; c=7,81 ⇒   keine Ablehnung der Poisson-
                                     verteilung.

3.) $\bar{z}=\bar{x}+\bar{y}=3,396=\lambda$.

Tore	0	1	2	3	4	5	6	7	≥8
Wahrsch.	0,034	0,114	0,193	0,219	0,186	0,126	0,071	0,035	0,022
erw. Häuf.	10,3	34,8	59,1	66,9	56,8	38,6	21,8	10,6	6,7
beob. "	13	29	60	65	61	39	26	6	7

$\chi^2_{ber.}$ = 4,94 ; c=14,07 ; keine Ablehnung der Poissonver-
                                  teilung.

● AUFGABE 16

a) Da zwei Parameter zu schätzen sind, besitzt die Testgröße
   r-3 Freiheitsgrade. Somit müssen mindestens 4 Klassen zur
   Verfügung stehen; zu deren Besetzung reicht wegen $n_i \geq 5$ die
   Stichprobe jedoch nicht aus.

b) Beide Parameter müssen bekannt sein.
   (2 Klassen ergibt einen Freiheitsgrad) .

● AUFGABE 17

Der Chi-Quadrat-Test darf nur auf Häufigkeiten angewandt werden und nicht auf Merkmalswerte. Ersetzt man die Häufigkeiten
durch Gesprächslängen, so hängt die "Testgröße χ^2" vom gewählten Maßstab ab. Würde man anstatt 1 Sekunde als Einheit 1/10
Sekunde wählen, so würden in den Summanden die Zähler hundert-
mal, die Nenner dagegen nur zehnmal größer werden. Insgesamt
würde die Testgröße verzehnfacht. Durch geeignete Wahl des Maß-
stabs (Einheit) könnte man für χ^2 jeden beliebigen positiven
Zahlenwert erhalten, die Ablehnung bzw. Nicht-Ablehnung der
Nullhypothese würde also vom gewählten Maßstab abhängen.

7. Kolmogoroff-Smirnov-Test – Wahrscheinlichkeitspapier

● AUFGABE 1

Siehe Abbildung Seite 89.

Schätzwert $\hat{\mu}$=97,4 ; $\hat{\sigma}$=109,8-97,4=12,4;
Stichprobenparameter $\bar{x}$=97,72 ; s=12,14.

● AUFGABE 2

Kolmogoroff-Smirnov-Test.
Geordnete Stichprobe t_1, t_2, ... , t_{50} ;
Verteilungsfunktion $F(t) = 10^{-9} \cdot t^3$, $0 \leq t \leq 1000$.
                       $F(1000)=1$.
Bestimmung der maximalen Abweichung der empirischen Vertei-
lungsfunktion $\tilde{F}_{50}(t)$ von $F(t)$ im Intervall $[t_i, t_{i+1}]$.
Fortsetzung s. Seite 90.

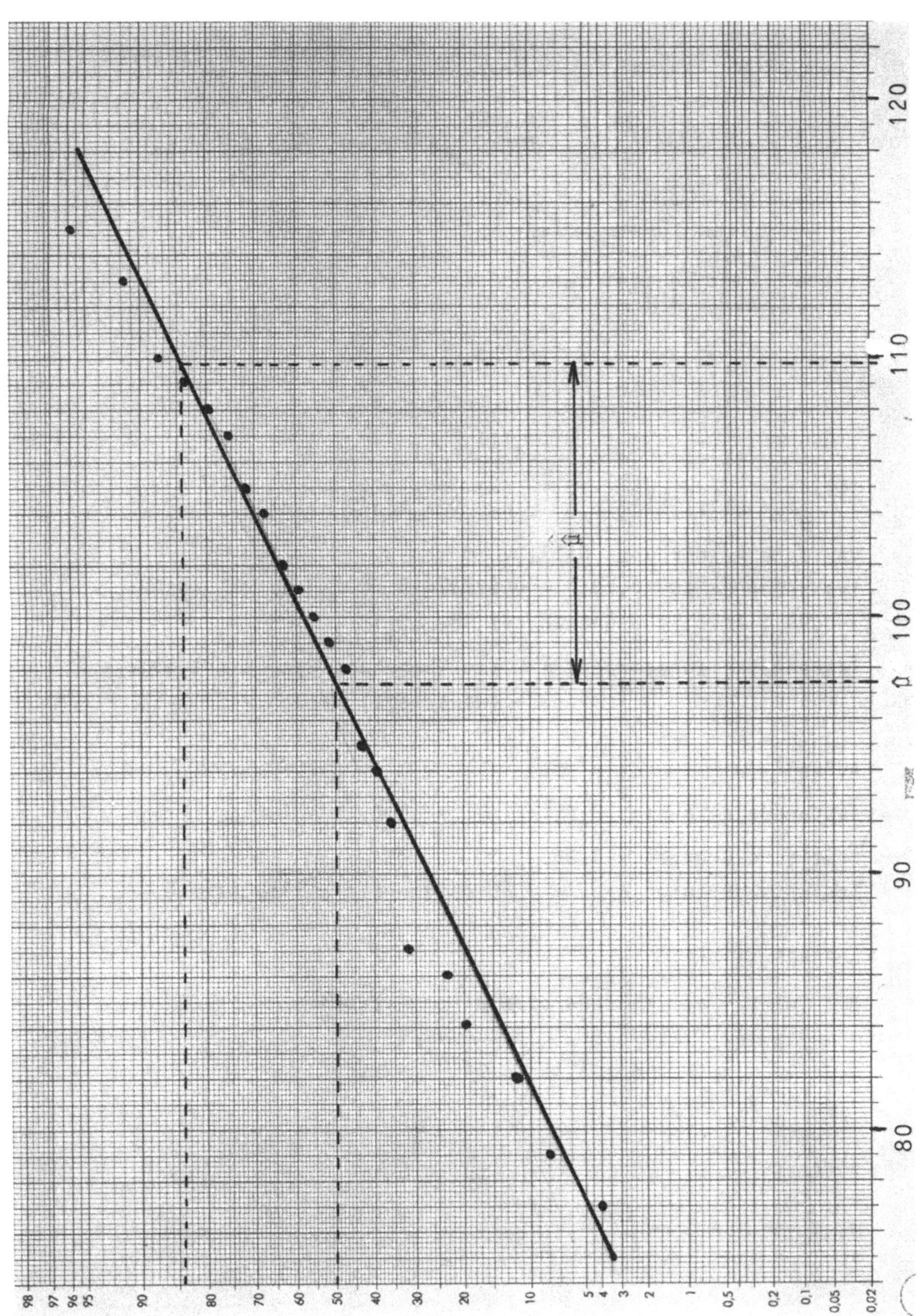

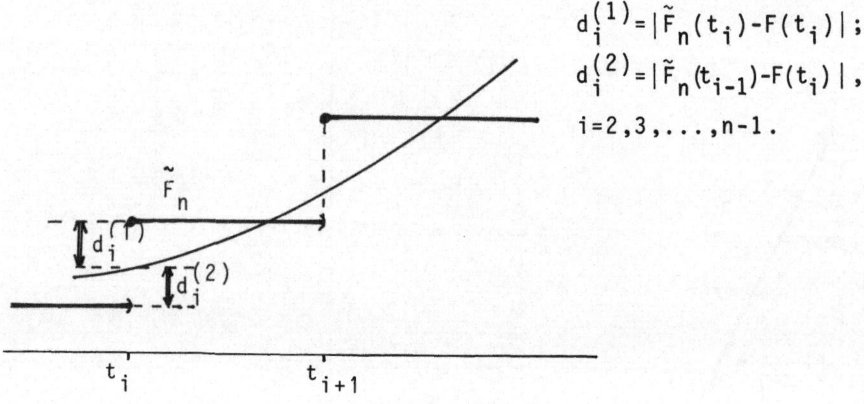

$$d_i^{(1)} = |\tilde{F}_n(t_i) - F(t_i)| \; ;$$
$$d_i^{(2)} = |\tilde{F}_n(t_{i-1}) - F(t_i)| \; ,$$
$$i = 2, 3, \ldots, n-1 \, .$$

$$d_1^{(2)} = F(t_1) \; ; \qquad\qquad d_n^{(1)} = |1 - F(t_n)|$$
$$d_1^{(1)} = |\tilde{F}_n(t_1) - F(t_1)| \; ; \qquad d_n^{(2)} = |F(t_n) - \tilde{F}_n(t_{n-1})| \, .$$

Maximale Abweichung 0,1310.

Testgröße $d = \sqrt{50} \cdot 0,1310 = 0,9263$.

$\alpha = 0,05$; kritische Grenze $c = 1,36$.

Testentscheidung: $d < c$ $\Rightarrow$ die Vermutung kann nicht abgelehnt
(widerlegt) werden.

● AUFGABE 3

Testgröße $d = \sqrt{n} \cdot \max\limits_{x} |F_n(x) - F(x)| = 10 \cdot 0,16 = 1,6$;

Kritische Grenze $\lambda = 1,36$.

Testentscheidung: $d > \lambda$ $\Rightarrow$ Ablehnung der Nullhypothese.

● AUFGABE 4

95%-Quantil der Kolmogoroff-Smirnov-Verteilung $\lambda = 1,36$.

$$d \cdot \sqrt{\frac{n_1 n_2}{n_1 + n_2}} > \lambda \; ; \; d > 1,36 \cdot \sqrt{\frac{150 + 80}{150 \cdot 80}} = 0,188 \, .$$

● AUFGABE 5

$$n_1 = n_2 = n \; ; \qquad d \cdot \sqrt{\frac{n^2}{2n}} = \sqrt{\frac{n}{2}} \cdot d \, .$$

● AUFGABE 6

Testgröße nach Aufgabe 4 $d \cdot \sqrt{\dfrac{n_1 \cdot n_2}{n_1 + n_2}} = 0,18 \cdot \sqrt{\dfrac{100 \cdot 200}{300}} = 1,47$.

Ablehnungsgrenze $c = 1,36$.
Testentscheidung: Ablehnung von H_0.

● AUFGABE 7

$d \cdot \sqrt{\dfrac{n}{2}} \geqq 1,63$;   a) $d \geqq 0,231$;   b) $d \geqq 0,073$;   c) $d \geqq 0,023$.

8. Zweidimensionale Stichproben

● AUFGABE 1

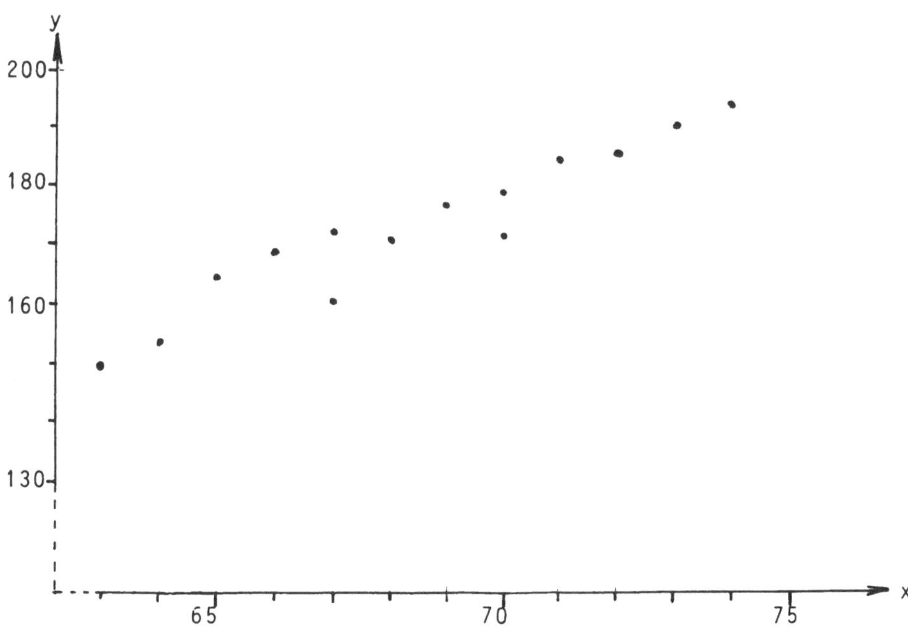

b) $\tilde{F}(70;170) = \dfrac{3}{7}$.

● AUFGABE 2

a)

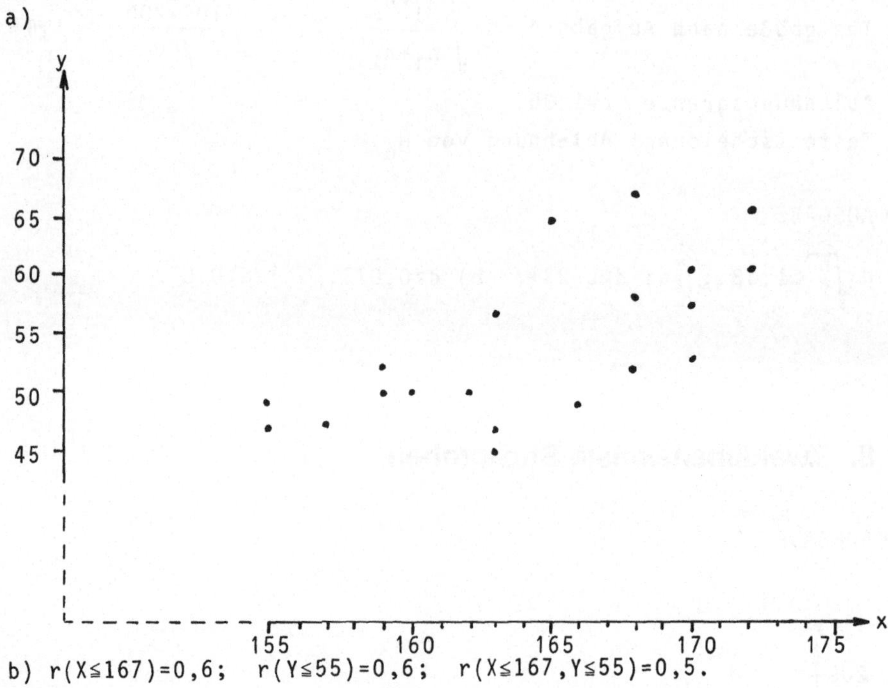

b) $r(X \leq 167)=0,6$; $r(Y \leq 55)=0,6$; $r(X \leq 167, Y \leq 55)=0,5$.

● AUFGABE 3

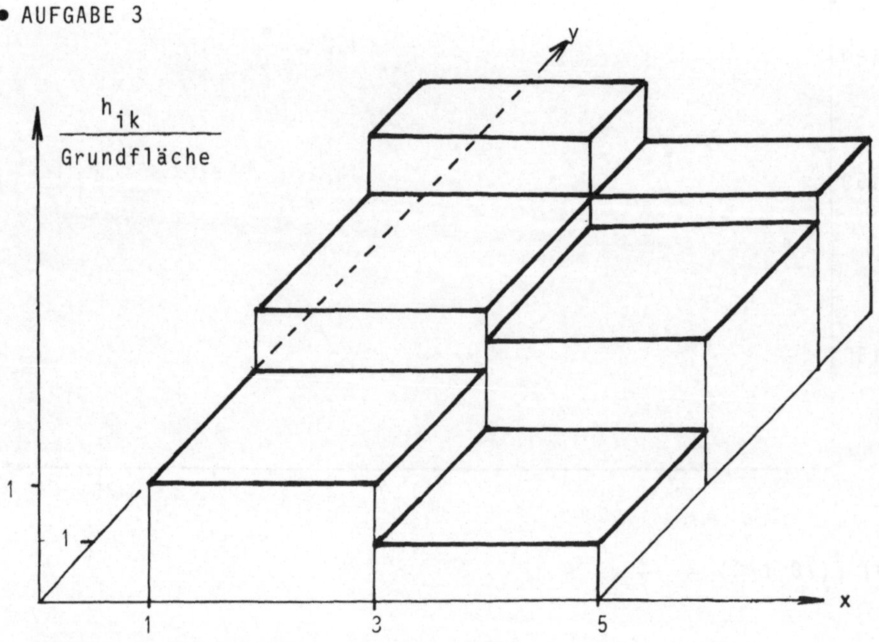

9. Kontingenztafeln – Vierfeldertafeln
(Homogenitäts- und Unabhängigkeitstests)

● Aufgabe 1

Hypothese H_o: Beide Merkmale sind unabhängig (Impfung hat
            keinen Einfluß).

Vierfeldertafel

48	452	500
9	191	200
57	643	700 = n

$$\chi^2_{ber.} = \frac{700(48 \cdot 191 - 9 \cdot 452)^2}{57 \cdot 643 \cdot 200 \cdot 500} = 4,97 \ .$$

Anzahl der Freiheitsgrade 1.

a) $\alpha=0,05$; $c=3,84$; Ablehnung der Hypothese, also Annahme der
   Alternative H_1: Die Impfung hilft.

b) $\alpha=0,01$; $c= 6,63$; die Hypothese kann nicht abgelehnt werden.

● AUFGABE 2

Hypothese: Das Medikament wirkt nicht (Unabhängigkeit);
Vierfeldertafel

79	21	100
67	33	100
146	54	200

$$\chi^2_{ber.} = \frac{200(79 \cdot 33 - 67 \cdot 21)^2}{146 \cdot 54 \cdot 100 \cdot 100} = 3,65 \ .$$

1 Freiheitsgrad; $c=3,84$.

Wegen $\chi^2_{ber.} < c$ kann die Hypothese nicht abgelehnt werden. Das
Zahlenmaterial reicht also nicht aus, um sagen zu können, daß
das Medikament wirkt. Die Abweichungen können rein zufällig
zustandegekommen sein.

● AUFGABE 3

Vierfeldertafel

$$
\begin{array}{cc|c}
19 & 181 & 200 \\
20 & 260 & 280 \\
\hline
39 & 441 & 480 = n
\end{array}
$$

$$
\chi^2_{ber.} = \frac{480(19\cdot260-20\cdot181)^2}{39\cdot441\cdot200\cdot280} = 0,87 \; ; \quad c=3,84 \; .
$$

Testentscheidung: $\chi^2_{ber.}<c$ ⇒ auf einen Unterschied der beiden Mittel kann nicht geschlossen werden (Abweichungen können rein zufällig sein).

● AUFGABE 4

Vierfeldertafel (Unabhängigkeitstest); H_o: Unabhängigkeit

$$
\begin{array}{c|cc|c}
 & M & \bar{M} & \\
\hline
S & 40 & 78 & 118 \\
\bar{S} & 41 & 191 & 232 \\
\hline
 & 81 & 269 & 350
\end{array}
$$

$$
\chi^2_{ber.}=\frac{350(40\cdot191-41\cdot78)^2}{81\cdot269\cdot118\cdot232} = 11,6 \; ;
$$

1 Freiheitsgrad; $c=6,63$.
Testentscheidung: H_o wird abgelehnt (Abhängigkeit).

● AUFGABE 5

H_o: Das Interesse am politischen Geschehen ist bei Männern und Frauen gleich.

Kontingenztafel.

	kein Interesse	mittleres Int.	großes Int.	
Frauen	162	148	90	400
Männer	178	233	189	600
	340	381	279	1000 = n

$m=2$; $r=3$.

$$
\chi^2_{ber.} = 1000\cdot\sum_{i=1}^{2}\;\sum_{r=1}^{3}\frac{(h_{ik}-\frac{h_{i\bullet}\cdot h_{\bullet k}}{n})^2}{h_{i\bullet}\cdot h_{\bullet k}} = 15,5 \; .
$$

Anzahl der Freiheitsgrade $(m-1)\cdot(r-1) = 2$; $c=9,21$.
Testentscheidung: H_0 wird abgelehnt.

● AUFGABE 6

Kontingenztafel für den Chi-Quadrat-Unabhängigkeitstest.

Augenfarbe \ Haarfarbe	hellblond	dunkelblond	schwarz	rot	Zeilensummen $h_{i\cdot}$
blau	82	53	26	9	170
grau/grün	71	82	46	11	210
braun	28	57	31	4	120
Spaltensumme $h_{\cdot k}$	181	192	103	24	500 = n

Teszgröße: $\chi^2_{ber.} = 22,34$.

Anzahl der Freiheitsgrade $(4-1)\cdot(3-1) = 6$; $c=18,55$.
Testentscheidung: die beiden Merkmale sind nicht (stochastisch)
              unabhängig.

● AUFGABE 7

Hypothese H_0: Das Wählerverhalten hat sich nicht geändert.
Kontingenztafel.
$m=2$; $r=7$; $\chi^2_{ber.} = 17,6$; Anzahl der Freiheitsgrade 6;

a) $\alpha=0,05$: Ablehnungsgrenze $c=12,59$.
   Testentscheidung: Ablehnung der Nullhypothese.
b) $\alpha=0,01$: $c=16,81$
   Testentscheidung: Ablehnung der Nullhypothese.

● AUFGABE 8

Nullhypothese H_0: Die Methoden haben keinen Einfluß auf den
              Lernerfolg.
Chi-Quadrat-Unabhängigkeitstest (Kontingenztafel).

Gruppe \ Zensur	5	4	3	2	1	$h_{i\cdot}$
1	6	13	20	7	4	50
2	10	18	15	5	2	50
3	18	19	13	1	0	51
$h_{\cdot k}$	34	50	48	13	6	151 = n

$$\chi^2_{ber.} = 17,68.$$

Anzahl der Freiheitsgrade: $(3-1)\cdot(5-1)=8$.

a) $\alpha=0,05$; $c=15,51$ $\Rightarrow$ Ablehnung von H_0

b) $\alpha=0,01$; $c=20,09$ $\Rightarrow$ keine Ablehnung von H_0.

● AUFGABE 9

Chi-Quadrat-Homogenitätstest.

Testgröße: $\chi^2_{ber.}=6,9$;

Anzahl der Freiheitsgrade $(2-1)(4-1)=3$.

Ablehnungsgrenze $c=7,81$.

Testentscheidung: $\chi^2_{ber.} < c$ $\Rightarrow$ die Hypothese, daß bei beiden
Briefen das gleiche Fehlver-
halten vorliegt, kann nicht
abgelehnt werden.

● AUFGABE 10

Nullhypothese H_0: X und Y sind (stochastisch) unabhängig.
Chi-Quadrat-Unabhängigkeitstest. Klassenzusammenfassung in der
Kontingenztafel.

a) <u>Spielzeit 80/81</u>   b) <u>Spielzeit 81/82</u>

	0	1	2	≥ 3
0	13	8	9	14
1	21	31	9	13
2	20	33	27	7
3	13	15	14	9
≥ 4	12	22	12	4

	0	1	2	≥ 3
0	12	10	11	5
1	17	31	12	10
2	20	26	18	11
3	17	21	16	7
≥ 4	14	20	23	5

$\chi^2_{ber.} = 26,7$; $c=21,03$; $\chi^2_{ber.} = 10,32$;
Freiheitsgrade 12.   Freiheitsgrade 12.

Testentscheidung: Spielzeit 80/81:Ablehnung der Nullhypothese.

Spielzeit 81/82: Keine Ablehnung der Nullhypothese (Ausgeglichenheit!).

● AUFGABE 11

Wegen $n = h_{1\cdot} + h_{2\cdot}$ liefern die beiden absoluten Häufigkeiten h_{1i} und h_{2i} der i-ten Spalte in der Kontingenztafel zur Test-größe $\chi^2_{ber.}$ den Anteil

$$(h_{1\cdot} + h_{2\cdot}) \cdot \left[\frac{\left(h_{1i} - \dfrac{h_{1\cdot}(h_{1i}+h_{2i})}{h_{1\cdot}+h_{2\cdot}}\right)^2}{h_{1\cdot}(h_{1i}+h_{2i})} + \frac{\left(h_{2i} - \dfrac{h_{2\cdot}(h_{1i}+h_{2i})}{h_{1\cdot}+h_{2\cdot}}\right)^2}{h_{2\cdot}(h_{1i}+h_{2i})} \right]$$

$$= \frac{h_{1\cdot}+h_{2\cdot}}{h_{1i}+h_{2i}} \cdot \left(\frac{h_{i1}h_{2\cdot}-h_{2i}h_{1\cdot}}{h_{1\cdot}+h_{2\cdot}}\right)^2 \cdot \left(\frac{1}{h_{1\cdot}} + \frac{1}{h_{2\cdot}}\right)$$

$$= \frac{1}{h_{1i}+h_{2i}} \cdot \frac{\left(h_{1i}h_{2\cdot}-h_{2i}h_{1\cdot}\right)^2}{h_{1\cdot}+h_{2\cdot}} \cdot \frac{h_{1\cdot}+h_{2\cdot}}{h_{1\cdot}\cdot h_{2\cdot}}$$

$$= \frac{h_{1\cdot}\cdot h_{2\cdot}}{h_{1i}+h_{2i}} \left(\frac{h_{1i}h_{2\cdot}-h_{2i}h_{1\cdot}}{h_{1\cdot}\cdot h_{2\cdot}}\right)^2 = \frac{h_{1\cdot}\cdot h_{2\cdot}}{h_{1i}+h_{2i}} \left(\frac{h_{1i}}{h_{1\cdot}} - \frac{h_{2i}}{h_{2\cdot}}\right)^2 \;;$$

Summation über i liefert die Behauptung.

10. Kovarianz und Korrelation

● AUFGABE 1

X \ Y	1	2	3	4	$P(X=x_i)$
1	0,05	0,1	0	0	0,15
2	0,1	0,2	0,05	0	0,35
3	0	0,1	0,1	0,2	0,4
4	0	0	0,05	0,05	0,1
$P(Y=y_k)$	0,15	0,4	0,2	0,25	1

$E(X)=2,45$; $E(Y)=2,55$; $E(X \cdot Y) = \sum_{i,k} x_i \cdot y_k \cdot p_{ik} = 6,85$.

$E(X^2)=6,75$; $E(Y^2)=7,55$; $\sigma^2_X=0,7475$; $\sigma^2_Y=1,0475$.

$\sigma_{xy}=E(X \cdot Y)-E(X) \cdot E(Y)=0,6025$; $\rho = \dfrac{\sigma_{XY}}{\sigma_X \cdot \sigma_Y}=0,681$.

● AUFGABE 2

Vereinfachte Rechnung : $\tilde{x} = x-165$; $\tilde{y} = y-56$;

$\tilde{x}_i$	$\tilde{y}_i$
0	0
11	19
10	14
3	5
2	5
7	7
10	16
15	24
14	20
8	12
1	1
13	20
4	4
4	8
5	7
11	15
15	22
4	6
12	19
11	15

$\sum \tilde{x}_i = 160$; $\sum \tilde{x}_i^2 = 1722$; $\sum \tilde{y}_i = 239$; $\sum \tilde{y}_i^2 = 3893$;

$\sum \tilde{x}_i \cdot \tilde{y}_i = 2575$;

$\tilde{x} = 8$; $\qquad \bar{x} = 173$; $\quad s_x = 4,82$;

$\tilde{y} = 11,95$; $\qquad \bar{y} = 67,95$; $s_y = 7,39$.

a) $s_{xy} = \frac{1}{19}[2575 - 20 \cdot 8 \cdot 11,95] = 34,89$;

$$r = \frac{s_{xy}}{s_x \cdot s_y} = 0,980.$$

b) Testgröße $\quad u_n = \frac{1}{2} \cdot \ln \frac{1+r}{1-r} = 2,298$;

$$\frac{z_{1-\frac{\alpha}{2}}}{\sqrt{n-3}} = \frac{1,96}{\sqrt{17}} = 0,475.$$

linke Grenze: $\quad \dfrac{e^{2(2,298-0,475)} - 1}{e^{2(2,298-0,475)} + 1} = 0,949$;

rechte Grenze: $\dfrac{e^{2(2,298+0,475)} - 1}{e^{2(2,298+0,475)} + 1} = 0,992$;

Konfidenzintervall: $0,949 \leq \rho \leq 0,992$.

● AUFGABE 3

a) $\bar{x} = \frac{629}{306} = 2,056$; $\quad s_x^2 = \frac{1}{305}[1959 - 306\bar{x}^2] = 2,184$; $\quad s_x = 1,478$;

$\bar{y} = \frac{410}{306} = 1,340$; $\quad s_y^2 = 1,320$; $\qquad\qquad\qquad s_y = 1,149$;

$s_{xy} = \frac{1}{305}[803 - 306 \cdot \bar{x} \cdot \bar{y}] = -0,130$;

$r = -0,077.$

Siehe auch Tabelle auf Seite 99.

x_i^* \\ y_k^*	0	1	2	3	4	5	6	$h_{i\cdot}$	$h_{i\cdot}x_i^*$	$h_{i\cdot}x_i^{*2}$	$\sum_k h_{ik}y_k^*$	$\sum_k h_{ik}y_k^*x_i^*$
0	13	8	9	10	3	0	1	44	0	0	74	0
1	21	31	9	8	4	1	0	74	74	74	94	94
2	20	33	27	4	2	1	0	87	174	348	112	224
3	13	15	14	7	2	0	0	51	153	459	72	216
4	8	13	8	2	0	0	0	31	124	496	35	140
5	4	7	1	2	0	0	0	14	70	350	15	75
6	0	0	1	0	0	0	0	1	6	36	2	12
7	0	2	2	0	0	0	0	4	28	196	6	42
$h_{\cdot k}$	79	109	71	33	11	2	1	306 =n	629	1959		803
$h_{\cdot k}y_k^*$	0	109	142	99	44	10	6	410				
$h_{\cdot k}y_k^{*2}$	0	109	284	297	176	50	36	952				
$\sum_i h_{ik}x_i^*$	152	243	162	55	14	3	0					
$\sum_i h_{ik}x_i^*y_k^*$	0	243	324	165	56	15	0	803				

Kontrolle

Summe der gemischten Produkte

b)

x_i^* \\ y_k^*	0	1	2	3	4	5	6	$h_{i\cdot}$	$h_{i\cdot}x_i^*$	$h_{i\cdot}x_i^{*2}$	$\sum_k h_{ik}y_k^*x_i^*$
0	12	10	11	5	0	0	0	38	0	0	0
1	17	31	12	7	3	0	0	70	70	70	88
2	20	26	18	7	3	0	1	75	150	300	202
3	17	21	16	5	2	0	0	61	183	549	228
4	10	12	16	1	2	0	0	41	164	656	220
5	2	4	4	2	0	0	0	12	60	300	90
6	0	4	2	0	0	0	0	6	36	216	48
7	2	0	0	0	0	0	0	2	14	98	0
8	0	0	0	0	0	0	0	0	0	0	0
9	0	0	1	0	0	0	0	1	9	81	18
$h_{\cdot k}$	80	108	80	27	10	0	1	306	686	2270	894
$h_{\cdot k}y_k^*$	0	108	160	81	40	0	6	395			
$h_{\cdot k}y_k^{*2}$	0	108	320	243	160	0	36				
$\sum_i h_{ik}x_i^*y_k^*$	0	238	402	150	92	0	12	894			

$$\bar{x} = \frac{686}{306} = 2{,}242; \quad s_x^2 = \frac{1}{305}[2270-306\cdot\bar{x}^2] = 2{,}40; \quad s_x=1{,}550;$$

$$\bar{y} = \frac{395}{306} = 1{,}291; \quad s_y^2 = \frac{1}{305}[867-306\cdot\bar{y}^2] = 1{,}171; \quad s_y=1{,}082;$$

$$s_{xy} = \frac{1}{305}[894-306\cdot\bar{x}\cdot\bar{y}] = 0{,}028;$$

$$r = 0{,}017.$$

● AUFGABE 4

Männer $z_i = x_i - 100$;   Frauen $u_i = y_i - 100$

z_i	-29	-22,2	-13	-5,2	0	7	12,7	19,1	26,9	34,2
u_i	-31,5	-23,7	-13,9	-5,3	0	7,2	12,9	18,6	25,8	32,7

$\sum z_i = 30,5$; $\sum z_i^2 = 3998,23$; $\sum z_i u_i = 4029,75$; $\sum u_i = 22,8$; $\sum u_i^2 = 4074,38$.

$r = 0,9992$.

● AUFGABE 5

Testgröße $t = \sqrt{n-2} \cdot \dfrac{r}{\sqrt{1-r^2}}$ ist t-verteilt mit n-2 Freiheitsgraden.

$$|t| > t_{1-\alpha/2} \quad \Leftrightarrow \quad t^2 > t_{1-\alpha/2}^2 = c^2 ;$$

$$\frac{r^2}{1-r^2} > \frac{c^2}{n-2} \; ; \; r^2\left(1 + \frac{c^2}{n-2}\right) > \frac{c^2}{n-2} \quad .$$

$$r^2 > \frac{1}{1 + \frac{n-2}{c^2}} \; ; \; |r| > \sqrt{\frac{1}{1 + \frac{n-2}{c^2}}} \quad .$$

a) $n = 30$;   28 Freiheitsgrade; $c = 2,05$; $|r| > 0,3613$;
b) $n = 500$; $c = 1,96$; $|r| > 0,0875$.

● AUFGABE 6

$$z_1 = \frac{1}{2} \cdot \ln \frac{1+r_1}{1-r_1} = 1,1270; \quad z_2 = \frac{1}{2} \cdot \ln \frac{1+r_2}{1-r_2} = 0,9962.$$

Testgröße $d = |z_1 - z_2| = 0,1308.$

$$c = z_{1-\alpha/2} \cdot \sqrt{\frac{1}{n_1-3} + \frac{1}{n_2-3}} = 1,960\sqrt{0,03} = 0,339.$$

Testentscheidung: $d < c$ ⇒ $H_0: \rho_1 = \rho_2$ kann nicht abgelehnt werden.

● AUFGABE 7

a) $Z_1 = X+Y$; $Z_2 = X-Y$; $Z_1 \cdot Z_2 = X^2 - Y^2$;
   $E(Z_1 \cdot Z_2) = E(X^2) - E(Y^2) = 0$; $\Big\}$ ⇒ $\mathrm{Cov}(Z_1, Z_2) = E(Z_1 \cdot Z_2) -$
   $E(Z_2) = 0$. $- E(Z_1) \cdot E(Z_2) = 0.$

b)

X＼Y	-1	1
-1	1/4	1/4
1	1/4	1/4

$Z_1 = X+Y$; $Z_2 = X-Y$.

$P(Z_1=0)=1/2$; $P(Z_2=0)=1/2$.

$(Z_1=0;Z_2=0)=\phi$.

$0=P(Z_1=0;Z_2=0) \neq P(Z_1=0)\cdot P(Z_2=0)$ ⇒ Z_1,Z_2 nicht unabhängig, jedoch unkorreliert.

11. Regressionsanalyse

● AUFGABE 1

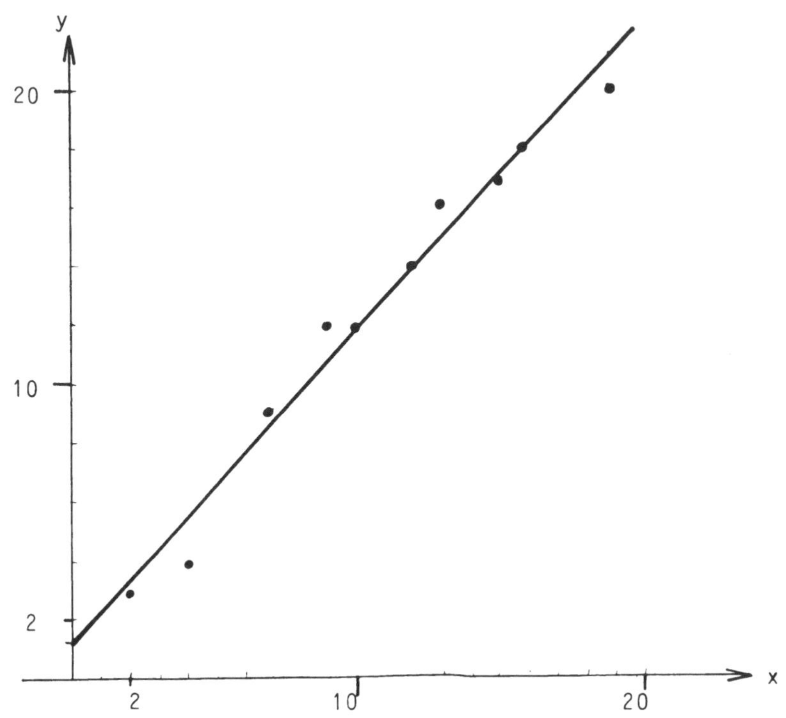

$\bar{x}=10,7$; $\bar{y}=12,5$; $\sum x_i^2=1405$; $s_x=5,38$; $\sum y_i^2=1859$; $s_y=5,74$;

$\sum x_i y_i=1612$; $s_{xy}=30,5$;

$r=0,988$.

$\tilde{y}-12,5=1,055(x-10,7)$;

Regressionsgerade: $\tilde{y}=1,055x+1,21$;

$d^2=(n-1)(1-r^2)s_y^2=7,07$.

● AUFGABE 2

$\sum x_i=17$; $\sum x_i^2=57,5$; $\sum y_i=31,8$; $\sum y_i^2=180,945$; $\sum x_i y_i=101,55$;
$\bar{x}=2,43$; $s_x=1,64$; $\bar{y}=4,54$; $s_y=2,47$; $s_{xy}=4,05$;

$r=1$ ⇒ Punkte liegen auf einer Geraden.
Geradengleichung durch zwei beliebige Punkte ergibt die
Regressionsgerade
$$\tilde{y}=1,5x+0,9 \ .$$

● AUFGABE 3

1.) $n=25$; $m=5$;

$$\bar{x}=16; \quad \sum_{i=1}^{5} n_i x_i^{*2} =6600; \quad s_x=2,887;$$

$$\bar{y}=3,61; \quad \sum_{i,k} y_{ik}^2=329,03; \quad s_y=0,346;$$

$$\sum_{i,k} x_i^* y_{ik} = 1465,6; \quad s_{xy}= 0,867, r=0,869;$$

Regressionsgerade: $\tilde{y}=0,104x+1,948$.

2.)
$$q = \sum_{i=1}^{5} \sum_{k=1}^{n_i} (y_{ik}-\tilde{y}_i)^2 = 0,7032;$$

$$q_1=\sum n_i (\bar{y}_i-\tilde{y}_i)^2 = 0,0672;$$

$$q_2= q - q_1 = 0,636;$$

$$\text{Testgröße} \quad v_{ber.} = \frac{q_1/3}{q_2/20} = 0,70;$$

95%-Quantil der $F_{(3,20)}$-verteilung $c=3,10$;

keine Ablehnung der Nullhypothese.

● AUFGABE 4

Nach der vorhergehenden Aufgabe gilt $d^2 = q = 0,7032$, $s_x = 2,887$; $\bar{x} = 16$; $b = 0,104$; $a = 1,948$.

1. Konfidenzintervall für den Regressionskoeffizienten β_0:

$\alpha = 0,05$ liefert als $(1-\frac{\alpha}{2})$-Quantil der t-Verteilung mit 25-2 Freiheitsgraden $t_{0,975} = 2,07$.

Daraus ergeben sich die Grenzen

$$b \pm t_{1-\alpha/2} \frac{d}{s_x \sqrt{(n-1)\cdot(n-2)}} = 0,104 \pm 0,026 \quad ;$$

Konf $\{0,08 \leq \beta_0 \leq 0,13\}$.

2. Konfidenzintervall für den Achsenabschnitt α_0:

$$\text{Grenzen:} \qquad a \mp t_{1-\alpha/2} \cdot \frac{d}{\sqrt{n-2}} \cdot \sqrt{\frac{1}{n} + \frac{\bar{x}^2}{(n-1)s_x^2}} = 1,948 \mp 0,416;$$

Konf $\{1,532 \leq \alpha_0 \leq 2,364\}$.

● AUFGABE 5

1.) Hypothese H_0: $\alpha = \alpha_0'$:

$$\text{Testgröße} \quad t_{ber.} = \frac{(a-a')\sqrt{n_1+n_2-4}}{\sqrt{d^2+d'^2}} \cdot \sqrt{\frac{n_1 \cdot n_2}{n_1+n_2}} = -6,8.$$

Anzahl der Freiheitsgrade 25+40-4=61; $c=2,0$.

$|t_{ber.}| > c \quad \Rightarrow \quad$ Ablehnung von H_0.

2.) Hypothese H_0: $\beta = \beta_0'$:

$$\text{Testgröße} \quad t_{ber.} = \frac{(b-b')\sqrt{n_1+n_2-4}}{\sqrt{(d^2+d'^2)(\frac{1}{(n_1-1)s_x^2} + \frac{1}{(n_2-1)s_{x'}^2})}} = 0,58 \quad ;$$

keine Ablehnung von H_0.

Interpretation: Die zweite Kuh gibt bei gleichem Rohfaseranteil im Futter mehr Milch als die erste. Gleiche Erhöhung des Rohfaseranteils hat jedoch etwa gleiche Fettzunahme zur Folge.

● AUFGABE 6

Alter	Häufig-keit n_i	Gruppenmittel $\bar{y}_{i\cdot}=\frac{1}{n_i}\sum_k y_{ik}$	Streuung in den Gruppen um $\bar{y}_{i\cdot}$	Schätzwerte (auf der Regressionsgeraden) $\tilde{y}_i$	$n_i(\tilde{y}_i-\bar{y}_i)^2$
20	10	112,7	3,60	111,3	17,99
25	10	115,7	4,63	115,3	1,73
30	10	118,3	4,55	119,3	9,80
35	10	121,9	4,11	123,2	17,31
40	10	128,2	4,61	127,2	9,98
45	10	130,4	5,51	131,2	5,73
50	10	134,2	3,47	135,1	8,14
55	10	138,8	4,92	139,1	1,01
60	10	143,9	3,54	143,0	6,50
65	10	147,7	4,65	147,0	5,20
					$83,39 = q_1$

1.) $\bar{x}=42,5$; $s_x=14,434$;

    Gesamt $\bar{y}=129,2$; $s_y=12,228$;

    Kovarianz $s_{xy}=165,23$;

    Korrelationskoeffizient r=0,9362;

2.) Regressionsgerade $\tilde{y}=0,7931x+95,46$;

3.) Summe der Abstandsquadrate von der Regressionsgerade

$$d^2 = q = \sum_i \sum_k (y_{ik}-\tilde{y}_i)^2 = (n-1)\cdot s_y^2\cdot(1-r^2) = 1828,87;$$

Summe der Abstandsquadrate der Gruppenmittel von der Regressionsgeraden

$$q_1 = \sum_i n_i(\bar{y}_{i\cdot}-\tilde{y}_i)^2 = 83,39;$$

Anzahl der Freiheitsgrade m-2=8;

Summe der Abstandsquadrate innerhalb der Gruppen

$$q_2 = \sum_i \sum_k (y_{ik}-\bar{y}_{i\cdot})^2 = q-q_1 = 1745,48;$$

Anzahl der Freiheitsgrade n-m=100-10=90;

Testgröße: $v_{ber.} = \dfrac{q_1/8}{q_2/90} = 0,54$.

Die F-Verteilung liefert die kritische Grenze c=2,04.

Testentscheidung: Die Hypothese der linearen Regression in der Grundgesamtheit kann nicht abgelehnt werden.

4.) t-Verteilung mit 100-2 Freiheitsgraden: $t_{1-\alpha/2}=1{,}98$;

a) $$t_{1-\alpha/2} \cdot \frac{d}{s_x\sqrt{(n-1)(n-2)}} = \frac{1{,}98\sqrt{1828{,}87}}{14{,}434\sqrt{99{,}98}} = 0{,}060 \; ; \; b=0{,}793;$$

Konf $\{0{,}733 \leq \beta_0 \leq 0{,}853\}$.

b) $$t_{1-\alpha/2} \cdot \frac{d}{\sqrt{n-2}} \cdot \sqrt{1 + \frac{\bar{x}^2}{(n-1)s_x^2}} = 1{,}98 \cdot \sqrt{\frac{1828{,}87}{98}} \sqrt{1 + \frac{42{,}5^2}{99 \cdot 14{,}434^2}}$$

$$= 8{,}92;$$

Konf $\{86{,}5 \leq \alpha_0 \leq 104{,}4\}$.

5.) $$g_{u,o}(x) = 0{,}7931 \cdot x + 95{,}46 \mp 1{,}98\sqrt{\frac{1828{,}87}{98}} \cdot \sqrt{\frac{1}{100} + \frac{(x-42{,}5)^2}{99 \cdot 14{,}434^2}}$$

$$= 0{,}7931 \cdot x + 95{,}46 \mp 8{,}553 \cdot \sqrt{0{,}01 + \frac{(x-42{,}5)^2}{20625{,}70}} \; ;$$

$$g_{u,o}(45) = 135{,}115 \mp 0{,}965 \; ;$$

Konf $\{134 \leq \mu(50) \leq 136\}$.

● AUFGABE 7

1.) Regressionskoeffizient $\quad b = \dfrac{s_{xy}}{s_x^2} = -0{,}0164$;

$\tilde{y}-\bar{y} = -0{,}0164(x-\bar{x})$;

Regressionsgerade $\quad \tilde{y} = -0{,}0164x+28{,}27$.

2.)

	$\bar{y}_{i\cdot}$	$\tilde{y}_i$	n_i
80	26,74	26,96	5
160	25,00	25,65	5
240	27,08	24,34	5
320	20,34	23,03	5
400	22,52	21,72	5

$$q_1 = \sum_{i=1}^{5} n_i(\bar{y}_{i\cdot} - \tilde{y}_i)^2 = 79{,}3 \; ;$$

$$q_2 = \sum_i \sum_k (y_{ik} - \bar{y}_{i\cdot})^2 = 1771{,}4;$$

Testgröße $\quad v = \dfrac{q_1/(5-2)}{q_2/(25-5)} = 0{,}298$.

95%-Quantil der $F_{[3;20]}$-Verteilung $\quad c=3{,}10$.

Testentscheidung: Keine Ablehnung des Vorhandenseins einer
                         linearen Regression in der Grundgesamtheit.

● AUFGABE 8

1.) Summe der vertikalen Abstandsquadrate

$$q = \sum_{i=1}^{n} (y_i - b_0 - b_1 x_i - b_2 x_i^2 \ldots - b_p x_i^p)^2 = \min.$$

$\dfrac{\partial q}{\partial b_i} = 0$ für $i=0,1,2,\ldots,p$ liefert das Gleichungssystem

$$
\begin{array}{llllll}
b_0 \cdot n & + b_1 \sum x_i & + b_2 \sum x_i^2 & + \ldots + b_p \sum x_i^p & = \sum y_i \\
b_0 \sum x_i & + b_1 \sum x_i^2 & + b_2 \sum x_i^3 & + \ldots + b_p \sum x_i^{p+1} & = \sum x_i y_i \\
b_0 \sum x_i^2 & + b_1 \sum x_i^3 & + b_2 \sum x_i^4 & + \ldots + b_p \sum x_i^{p+2} & = \sum x_i^2 y_i \\
b_0 \sum x_i^3 & + b_1 \sum x_i^4 & + b_2 \sum x_i^5 & + \ldots + b_p \sum x_i^{p+3} & = \sum x_i^3 y_i \\
\cdots & \cdots & \cdots & \cdots & \cdots \\
b_0 \sum x_i^p & + b_1 \sum x_i^{p+1} & + b_2 \sum x_i^{p+2} & + \ldots + b_p \sum x_i^{2p} & = \sum x_i^p y_i \\
\end{array}
$$

2.) Hier ist $b_0 = 0$ zu setzen. Dann fällt die erste Gleichung weg, sowie in allen weiteren Gleichungen der erste Summand.

● AUFGABE 9

a) $\bar{x} = 3,53$; $s_x = 0,250$; $\bar{y} = 20,64$; $s_y = 2,231$; $s_{xy} = -0,483$; $r = -0,868$;

Regressionsgerade $\tilde{y} = -7,758x + 48,02$;

$$q = \sum_{i=1}^{10} (y_i - \tilde{y}_i)^2 = 11,1.$$

b) Ansatz der Regressionskurve $y = \dfrac{c}{x}$.

Summe der vertikalen Abstandsquadrate

$$f(c) = \sum_{i=1}^{n} \left(y_i - \frac{c}{x_i}\right)^2 ;$$

$$f'(c) = -2 \sum_{i=1}^{n} \left(y_i - \frac{c}{x_i}\right) \cdot \frac{1}{x_i} = 0 \quad \Rightarrow \quad c = \frac{\sum_i \dfrac{y_i}{x_i}}{\sum_i \dfrac{1}{x_i^2}} = 72,6208 .$$

x_i	3,1	3,2	3,4	3,5	3,5	3,6	3,6	3,7	3,8	3,9	
y_i	24,5	22,4	21,8	23,0	18,9	20,9	19,4	18,9	19,1	17,5	
$\tilde{y}_i$	24,0	23,2	21,6	20,9	20,9	20,1	20,1	19,3	18,5	17,8	*)
$\hat{y}_i$	23,4	22,7	21,4	20,7	20,7	20,2	20,2	19,6	19,1	18,6	**)

*) auf Geraden   **) auf Hyperbel; $\hat{q} = \sum (y_i - \hat{y}_i)^2 = 12,8$.

Wegen $q<\hat{q}$ approximiert die Gerade die Punktmenge besser als
die Hyperbel.

● AUFGABE 10

a) Da in der Parabelgleichung der lineare und absolute Anteil
   fehlt, ergibt sich für c die Bestimmungsgleichung

$$c\sum v_i^4 = \sum v_i^2 s_i \quad ;$$

   Lösung $c=0,00456$; $\tilde{s}=0,00456\cdot v^2$.

b) $\hat{s}=25,7$ m.

● AUFGABE 11

a) $65600 b_1 + 7334000 b_2 = 53210$ $\Big\}\Rightarrow$ $b_1 = 0,28852$
     $7334000 b_1 + 898760000 b_2 = 6317300$ $b_2 = 0,004675$

   $\tilde{s} = 0,28852 v + 0,004675 v^2$;

   $q = 48,35$.

b) $\dfrac{\tilde{s}}{v} = 0,3011 + 0,004546 v \Longleftrightarrow \tilde{s} = 0,3011 v + 0,004546 v^2$;

   $q = 49,87$.

In a) ist die Approximation besser als in b).

● AUFGABE 12

Transformation $z=x-1970$; $u=y-678,8$.

z_i	0	5	6	7	8	9	10
u_i	0	73	111,8	135,8	162	199,5	216,3

$\sum z_i=45$; $\sum z_i^2=355$; $\sum z_i^3=2925$; $\sum z_i^4=24979$;

$\sum u_i=898,4$; $\sum z_i u_i=7240,9$; $\sum z_i^2 u_i=60661,5$;

a) $\tilde{u} = b_0 + b_1 z + b_2 z^2$.

Gleichungssystem   (n=7)

$$7b_0 + 41b_1 + 355b_2 = 898{,}4$$
$$45b_0 + 355b_1 + 2925b_2 = 7240{,}9$$
$$355b_0 + 2925b_1 + 24979b_2 = 60661{,}5 \ .$$

Lösungen $b_0=-1{,}4785$; $b_1=11{,}4203$; $b_2=1{,}1122$.

Regressionsparabel $\tilde{y}=677{,}3+11{,}4203(x-1970)+1{,}1122(x-1970)^2$;

$q=\sum(\tilde{y}_i-y_i)^2 = 265{,}28$:

b) Regressionsgerade $u=a+bz$

$$7a + 45b = 898{,}4$$
$$45a + 355b = 7240{,}9$$

Lösung $a=-15{,}02$; $b=22{,}3$;

$\tilde{y}-678{,}8=-15+22{,}3(x-1970)$;

$\tilde{y}=663{,}8+22{,}3(x-1970)$;

$q=\sum_i(\tilde{y}_i-y_i)^2=1115{,}6$ (Parabel approximiert besser).

x_i	1970	1975	1976	1977	1978	1979	1980
y_i(tatsächl.)	678,8	751,8	790,6	814,6	840,8	878,3	895,1
$\tilde{y}_i$(Parabel)	677,3	762,2	785,9	811,7	839,8	870,2	902,7
$\tilde{y}_i$(linear)	663,8	775,3	797,6	819,9	842,2	864,5	886,8

● AUFGABE 13

Transformation $z=x-1976$; $u=y-100$.

x_i	0	1	2	3	4	5
u_i	0	2,2	4,5	14,8	30,6	54,7

a) $\sum z_i=15$; $\sum z_i^2=55$; $\sum z_i^3=225$; $\sum z_i^4=979$;

$\sum u_i=106{,}8$; $\sum z_iu_i=451{,}5$; $\sum z_i^2u_i=2010{,}5$;

$\tilde{u}=b_0+b_1z+b_2z^2$.

$$6b_0 + 15b_1 + 55b_2 = 106{,}8$$
$$15b_0 + 55b_1 + 225b_2 = 451{,}5$$
$$55b_0 + 225b_1 + 979b_2 = 2010{,}5 \ .$$

Lösung $b_0=1{,}175$; $b_1=-4{,}0554$; $b_2=2{,}9197$.

$\tilde{y} = 101{,}2 - 4{,}0554(x-1976) + 2{,}9197(x-1976)^2$.

Jahr	1976	1977	1978	1979	1980	1981
y_i	100	102,2	104,5	114,8	130,6	154,7
Schätzwert $\tilde{y}_i$	101,2	100,1	104,8	115,3	131,7	153,9

b) 182,0 ; 215,9 .

● AUFGABE 14

$z_i = x_i - 1978;\quad u_i = v_i - 103,6$.

z_i	-3	-2	-1	0	1	2	3
u_i	-6,8	-3,6	-0,8	0	5,3	13	20,3

$\sum z_i = 0;\quad \sum z_i^2 = 28;\quad \sum z_i^3 = 0;\quad \sum z_i^4 = 196;$

$\sum u_i = 27,4;\quad \sum z_i u_i = 120,6;\quad \sum z_i^2 u_i = 163,6.$

$$7b_0 + 0b_1 + 28b_2 = 27,4 \qquad \underline{\text{Lösung}} \quad b_0 = 1,3429$$
$$0b_0 + 28b_1 + 0b_2 = 120,6 \qquad\qquad b_1 = 4,3071$$
$$28b_0 + 0b_1 + 196b_2 = 163,6 \qquad\qquad b_2 = 0,6429 .$$

Parabel $\tilde{y} = 104,9 + 4,3071(x-1978) + 0,6429(x-1978)^2$.

x_i	1975	1976	1977	1978	1979	1980	1981
y_i	96,8	100	102,8	103,6	108,9	116,6	123,9
Schätzwerte $\tilde{y}_i$	97,8	98,9	101,2	104,9	109,9	116,1	123,6

● AUFGABE 15

$$\frac{q_1}{q_2} > \frac{m-2}{n-m} \cdot f_{1-\alpha} = \frac{8}{190} \cdot 1,98 = 0,083.$$

12. Verteilungsfreie Verfahren

● AUFGABE 1

Vorzeichentest für verbundene Stichproben.
Vorzeichen der Differenzen   - - - + - + - - - +
Anzahl der positiven Vorzeichen z=3.
$P(Z \leq k_{0,025}) \leq 0,025$; $k_{0,025} = 1$; $n - k_{0,025} = 9$.

Testentscheidung: $1 \leq z \leq 9$ ⇒ keine Ablehnung der Nullhypothese.

● AUFGABE 2

Vorzeichentest. $\bar{n}=52-4$; $z=34$. Einseitiger Test.

$k_{0,05}=17$; $c=\bar{n}-17=31$.

Testentscheidung: $z>c$ ⇒ Ablehnung von H_o.

Ergebnis: Wahrscheinlichkeit für positive Differenzen ist
           größer als für negative.

● AUFGABE 3

Vorzeichentest für verbundene Stichproben; einseitiger Test.

Z beschreibe die Anzahl der positiven Differenzen.

Z ist binomialverteilt mit $p=1/2$, falls H_o richtig ist.

$E(Z)=n \cdot p=100$; $D^2(Z)=np(1-p)=50$.

Approximation durch die Normalverteilung.

$1-\alpha=P(Z \leq c)=P(\dfrac{Z-100}{\sqrt{50}} \leq \dfrac{c+0,5-100}{\sqrt{50}}) \approx \phi(\dfrac{c-99,5}{\sqrt{50}})$; $c=116$. $z = 120$.

Testentscheidung: $z>c$ ⇒ Ablehnung von H_o

                          (eine positive Differenz hat eine

                          größere Wahrscheinlichkeit als eine

                          negative Differenz).

● AUFGABE 4

Nullhypothese H_o: $\tilde{\mu}=2500$; Alternative H_1: $\tilde{\mu}>2500$.

$n=40$; $P(Z \leq k_{0,05}) = 0,05$; $k_\alpha=14$; $z=28$.

Testentscheidung: $z>n-k_\alpha = 26$ ⇒ $\tilde{\mu}>2500$ (Werbung ist also
                                                  sinnvoll).

● AUFGABE 5

Approximation durch die Normalverteilung.

$k_{0,05} \approx \dfrac{n}{2} - 0,5 - \dfrac{\sqrt{n}}{2} \cdot z_{1-\alpha} = 41$ (abgerundet).

Gesuchte Anzahl $z>n-k_{0,05} = 59$.

- AUFGABE 6

Z ist binomialverteilt mit $n=20$; $p=1/2$.

$P(Z \leq k_{0,025}) \leq 0,025$; $k_{\alpha/2}=5$; $k_{1-\alpha/2}=15$.

Konf $\{x_6 \leq \tilde{\mu} < x_{15}\}$ = Konf$\{149 \leq \tilde{\mu} < 163\}$.

- AUFGABE 7

Wilcoxonscher Rangsummentest für unverbundene Stichproben.

x_i	33	35	39	46	49	50		
Rangzahlen	1	3	4	7	10	11		
y_k	34	40	41	47	48	51	52	55
Rangzahlen	2	5	6	8	9	12	13	14

$n_1=6$; $n_2=8$; $r_1=1+3+4+7+10+11=36$.

Testgröße

$$u = \frac{r_1 - \dfrac{n_1(n_1+n_2+1)}{2}}{\sqrt{\dfrac{n_1 \cdot n_2 \cdot (n_1+n_2+1)}{12}}} = -1,16 \sim N(0;1)\text{-verteilt.}$$

$c = 1,96$;

Testentscheidung: $|u|<c \Rightarrow$ keine Ablehnung von H_0.

Literaturhinweise

[1] BOSCH, K.:   Elementare Einführung in die Wahrscheinlichkeitsrechnung, Vieweg Studium, Bd. 25,
3. Auflage 1982.

[2] BOSCH, K.:   Elementare Einführung in die angewandte
Statistik, Vieweg Studium, Bd. 27, 2. Auf-
lage 1982.

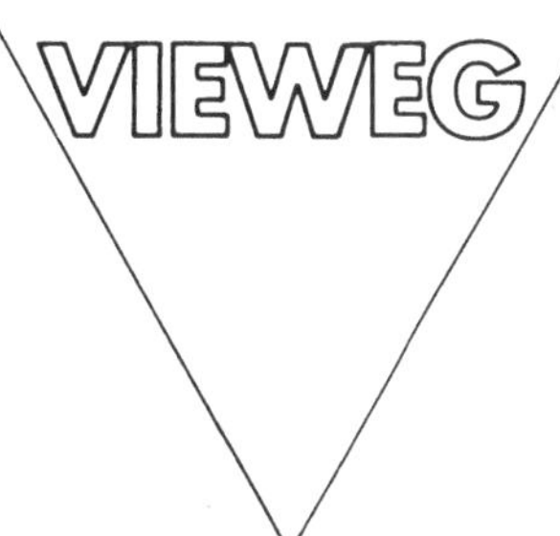

Karl Bosch

Elementare Einführung in die angewandte Statistik

2., überarb. Aufl. 1982. VIII, 210 S. mit 41 Abb. 12,5 x 19 cm. (vieweg studium, Bd. 27, Basiswissen.) Pb.

Das Buch ist aus einer Vorlesung entstanden, die der Autor wiederholt für Studenten der Fachrichtungen Biologie, Pädagogik, Psychologie und Wirtschaftswissenschaften gehalten hat. Behandelt werden die Grundbegriffe der Statistik, speziell elementare Stichprobentheorie, Parameterschätzung, Konfidenzintervalle, Testtheorie, Regression und Korrelation sowie die Varianzanalyse. Das Ziel des Autors ist es, die einzelnen Verfahren nicht nur zu beschreiben, sondern auch zu begründen, warum sie benutzt werden dürfen. Dabei wird die entsprechende Theorie elementar und möglichst anschaulich beschrieben. Manchmal wird auf ein Ergebnis aus der „Elementaren Einführung in die Wahrscheinlichkeitsrechnung" (vieweg studium, Bd. 25) verwiesen. Die Begriffsbildung und die entsprechende Motivation werden zu Beginn eines Abschnitts in anschaulichen Beispielen vorgenommen. Weitere Beispiele und durchgerechnete Übungsaufgaben sollten zum besseren Verständnis beitragen. Das Buch wendet sich an alle Studenten, die während ihres Studiums mit dem Fach Statistik in Berührung kommen.

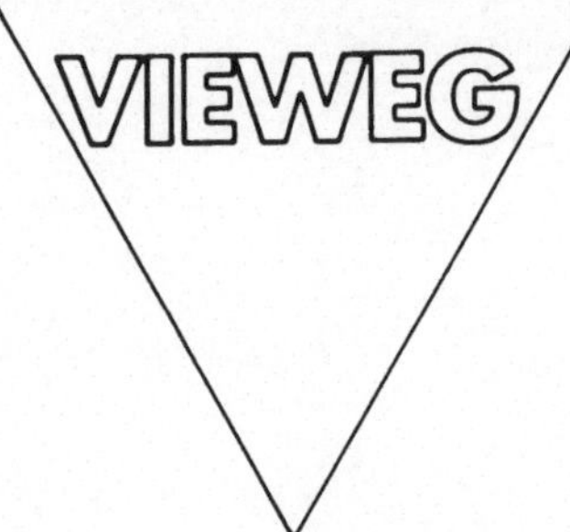

Karl Bosch, Gisela Jordan-Engel und Günter Klotz

Statistik

Beschreibende Statistik, Wahrscheinlichkeitsrechnung, Anwendungen. 2., durchges. Aufl. 1977. X, 284 S. mit 107 Abb. 18,7 x 24 cm. Br.

Inhalt: Die Begriffswelt der Statistik — Beschreibende Statistik — Wahrscheinlichkeit — Zufallsvariable — Grenzwertsätze und Normalverteilung — Anwendungen — Zusammenhänge und Strukturen — Anhang: Mathematische Begriffe — Tafeln — Literatur — Sachwortverzeichnis — Symbolregister.

Statistik ist der Schlüssel zum Verständnis vieler Phänomene. Aber nur wenige wissen, was Statistik beinhaltet, womit sie sich beschäftigt, was sie leistet und wo ihre Grenzen sind. Das Buch vermittelt die Grundlagen der Statistik. Dabei werden die beschreibende Statistik, die Wahrscheinlichkeitsrechnung und grundlegende Anwendungen behandelt. Es eignet sich vornehmlich für Statistikkurse in den Sozialwissenschaften an Universitäten, an Erziehungswissenschaftlichen Hochschulen, aber auch für Volkshochschulkurse und für den Unterricht an Schulen sowie zum Selbststudium.